W0020262

Zu diesem Buch

Sie nehmen an einer Spielshow im Fernsehen teil, bei der Sie eine von drei verschlossenen Türen auswählen sollen. Hinter einer Tür wartet der Preis, ein Auto, hinter den beiden anderen stehen Ziegen. Sie zeigen auf eine Tür, sagen wir Nummer eins. Sie bleibt vorerst geschlossen. Der Moderator weiß, hinter welcher Tür sich das Auto befindet; mit den Worten «Ich zeig Ihnen mal was» öffnet er eine andere Tür, zum Beispiel Nummer drei, und eine meckernde Ziege schaut ins Publikum. Er fragt: «Bleiben Sie bei Nummer eins, oder wählen Sie Nummer zwei?»
Zwei Türen, hinter einer steckt der Gewinn. Also bleibt es sich gleich, welche gewählt wird, nicht wahr? Falsch. Nummer zwei hat bessere Chancen.
Die hellsten Köpfe scheitern, wenn es um Wahrscheinlichkeiten geht; unser Denken ist auf sie nicht eingestellt. Anlaß genug, sich gründlicher mit dem Ziegenproblem, aber auch mit dem Botendilemma, der Kontrollillusion, mit blinden Hühnern, Fehlersaat, Affen als Romanciers und anderen Wundern und Fallstricken der Wahrscheinlichkeitsrechnung zu befassen.
«Heute müssen wir die Fähigkeit entwickeln, Verhalten und Verlauf von Massenerscheinungen zu begreifen», schreibt der Autor. «Der angemessene Umgang mit den Signaltönen im Rauschen der modernen Welt ist das Denken in Wahrscheinlichkeiten.»

Der Autor
Der Wissenschafts- und Technikjournalist Gero von Randow, Jahrgang 1953, ist Redakteur der Wochenzeitung DIE ZEIT. 1992 wurde ihm der erste Preis des Wettbewerbs «Reporter der Wissenschaft» verliehen.

Gero von Randow

Das Ziegenproblem

Denken in Wahrscheinlichkeiten

Rowohlt

rororo science
Lektorat Jens Petersen

11. Auflage Mai 2002

Originalausgabe
Redaktion Barbara Hoffmeister
Veröffentlicht im Rowohlt Taschenbuch Verlag GmbH,
Reinbek bei Hamburg, Juli 1992

Umschlaggestaltung Barbara Hanke
(Foto: Delespinasse/The Image Bank)
Die Abbildung auf S. 37 stammt aus dem Buch
«Was können wir wissen?» (Band 1)
von Gerhard Vollmer
(Mit freundlicher Genehmigung des Verlags S. Hirzel, Stuttgart)
Satz Times (Linotronic 500)
Gesamtherstellung Clausen & Bosse, Leck
Printed in Germany
ISBN 3 499 19337 X

Inhalt

①②③

Der Streit um das Ziegenproblem

«Ins Sommerloch gefallen...»

Das ist vielleicht ein Gefühl, in Hunderten von Briefen als Spinner oder Dummkopf beschimpft zu werden!
Dabei hatte alles so harmlos angefangen.
An einem Samstag im Sommer saß ich abends spät im Garten, entkorkte eine Flasche und schlug den *Skeptical Inquirer* auf, mein Lieblingsblatt aus den USA: Wissenschaftler und Journalisten gehen darin den Behauptungen von Tischrückern, Gabelbiegern, Geistersehern und anderen Scharlatanen nach. Mich interessierte ein Artikel über die amerikanische Journalistin Marilyn vos Savant. Sie gilt als der Mensch mit dem höchsten Intelligenzquotienten der Welt, was immer das bedeuten mag.
Mit der Lösung einer Denksportaufgabe in ihrer Kolumne «Fragen Sie Marilyn» hatte sie eine Lawine hämischer bis empörter Leserbriefe losgetreten. Die Lösung, vorgestellt in der Zeitschrift *Parade*, widersprach nämlich der Intuition ihrer Leserschaft, darunter viele Mathematiker.
Ein Leser hatte folgende Aufgabe gestellt:
Sie nehmen an einer Spielshow im Fernsehen teil, bei der Sie eine von drei verschlossenen Türen auswählen sollen. Hinter einer Tür wartet der Preis, ein Auto, hinter den beiden anderen stehen Ziegen. Sie zeigen auf eine Tür, sagen wir Nummer eins. Sie bleibt vorerst geschlossen. Der Moderator weiß, hinter welcher Tür sich das Auto befindet; mit den Worten «Ich zeige Ihnen mal was» öffnet er eine andere Tür, zum Beispiel Nummer drei, und eine meckernde Ziege schaut ins Publikum. Er fragt: «Bleiben Sie bei Nummer eins, oder wählen Sie Nummer zwei?»
Zwei Türen, hinter einer steckt der Gewinn. Also bleibt es sich gleich, welche gewählt wird, nicht wahr? *Falsch*, sagt die IQ-Weltmeisterin, *Nummer zwei hat bessere Chancen*.
Da war es: das Ziegenproblem.

Irgend jemand spinnt hier, dachte ich beim Lesen. Die schlaue Dame, ihre Leser oder alle zusammen und ich vielleicht auch.
Nun war eine Entscheidung fällig: den geruhsamen Sommerabend mit Riesling fortsetzen oder Kopfzerbrechen mit Schreiber und Papier. Ich wählte das leichtere Vergnügen.
Am nächsten Morgen fiel mich das Ziegenproblem schon wieder an. Anstatt mich aus den Träumen sanft in den Tag zu leiten, ließ meine Phantasie Türen klappern, Ziegen meckern, Autos blinken. Erst unter der Dusche kam die Eingebung – die Frau hatte recht!
Das konnte ich nicht für mich behalten (Berufskrankheit). Ich setzte mich also hin (am Sonntagmorgen) und schrieb einen kleinen Artikel für die *Zeit*, in dem ich das Ziegenproblem und dessen Lösung präsentierte. Am nächsten Tag fuhr ich in Urlaub.
Und so begrüßten mich die Leser-Zuschriften, als ich zurückkam: Der verehrte Herr von Randow sei «wohl ins Sommerloch gestolpert», «jeder normalbegabte Zwölftkläßler» könne schließlich begreifen, daß Frau Savants Rat «typische Laienfehler» enthalte, «haarsträubender Unsinn», «Quatsch» und «Nonsens», «absurd» und «abstrus» sei. Es sei «traurig, daß die *Zeit* so etwas überhaupt aufgreift». Die ganze Angelegenheit sei «peinlich», urteilte ein Mathematiker. Bestenfalls ein «Aprilscherz im Juli», schrieb ein Leser mitleidig, eher ein «Ärgernis», meinte ein anderer. Die alles dies zu Papier brachten, waren zum großen Teil Akademiker, einige mit einschlägiger Ausbildung in Statistik: Prof. Dr.-Ing., Dr. sc. math., Dr. med., Dr. jur. usw. usf. Sie schrieben auf Institutsbriefbögen, legten seitenlange Beweise bei, es kam sogar Post aus den Niederlanden, aus Italien, aus Togo. Zustimmende Briefe blieben rar.
Die Leserbrief-Redaktion wählte drei Briefe aus, die mich kritisierten, und ließ sie unter der Überschrift «Verquere Logik» drucken. Das mochte ich nicht auf mir sitzen lassen und schrieb einen zweiten Artikel. Wieder nahm ich für Frau Savant Partei – und entfachte den zweiten Sturm. Mittlerweile hatte der *Spiegel* die Geschichte aufgegriffen, gab ebenfalls Frau Savant recht und bescherte sich die entsprechende Leserpost.
Das Ziegenproblem hielt offenbar viele Menschen in Atem. Feten platzten, und Ehepaare stritten sich. Professoren setzten ihre Assistenten an das Ziegenproblem, Mathe-Lehrer verwirrten ihre Schüler, Zeitungsredakteure erklärten sich gegenseitig für begriffsstutzig.

Ein Mitarbeiter eines Softwarehauses schrieb mir: «Bei uns verfügen viele über eine umfassende analytische Ausbildung (Informatik, Mathematik, Physik) und sind natürlich auf ihre Kenntnisse stolz. Verständlich also, daß das Ziegenproblem reizt. Wir haben die zur Verfügung stehenden analytischen Instrumentarien ausgepackt, Wahrscheinlichkeitsräume konstruiert, statistische Analysen durchgeführt usw. Ich erinnere mich an einen Freitagabend: Wir hatten in einer kleinen Gruppe bis gegen 19.00 Uhr ein Projekt diskutiert und wollten eigentlich nach Hause gehen, als – in dieser personellen Konstellation zum wiederholten Male – das Gespräch auf das Ziegenproblem kam. Es war 21.00 Uhr vorbei, als wir, eher erschöpft als vom Ergebnis befriedigt, das Feld räumten und mehrere beschriebene Metaplan-Wände zurückließen. Die Fronten waren hart, das Niveau recht hoch.»
Es herrschte nicht gerade Saure-Gurken-Zeit: Bürgerkrieg in Jugoslawien, Putsch in Moskau, Probleme mit dem großen neuen Deutschland, Anschläge gegen ausländische Mitmenschen – aber Tausende diskutierten das Ziegenproblem, und das mit Leidenschaft.
In den USA war noch viel mehr los.
Ich zitiere von Seite eins der *New York Times* (21.7.1991):
«Die Antwort, wonach die Mitspielerin die Tür wechseln solle, wurde in den Sitzungssälen der CIA und den Baracken der Golfkrieg-Piloten debattiert. Sie wurde von Mathematikern am Massachusetts Institute of Technology und von Programmierern am Los Alamos National Laboratory in New Mexico untersucht und in über tausend Schulklassen des Landes analysiert.»
Marilyn vos Savant wurde unterdessen mit Spott überschüttet. «Unsere mathematische Fakultät hat herzlich über Sie gelacht», hänselte eine Professorin. «Es gibt schon genug mathematische Unwissenheit in diesem Land», beschwerte sich ein Akademiker bei der Zeitschrift *Parade*, «wir brauchen nicht den höchsten IQ der Welt, um diese Unwissenheit zu vertiefen. Schämen Sie sich!» Ein weiterer Leser vermerkte höhnisch: «Vielleicht haben Frauen eine andere Sicht mathematischer Probleme als Männer.»

Erste Argumente

Das Rätsel, das die Journalistin gelöst hatte, ist in der (vorwiegend männlichen) Denksport-Szene seit vielen Jahrzehnten bekannt und taucht immer mal wieder auf. In diesem Buch wird mehrfach begründet, warum Frau Savant recht hatte. Wir fangen mit der Argumentation eines Lesers an:

«Die Wahrscheinlichkeit, daß der Wagen hinter der erstgewählten Tür ist, beträgt ⅓.

Die Wahrscheinlichkeit, daß er hinter einer der beiden anderen Türen ist, beträgt somit ⅔.

Wenn ich nun erfahre, hinter welcher der beiden anderen Türen er nicht ist, weiß ich sofort die Tür, hinter der er mit einer Wahrscheinlichkeit von ⅔ ist.»

Einige Leser wird dieses Argument bereits überzeugen. Das ist übrigens eine interessante Frage: Wer wird wann und warum von welchem Argument überzeugt? Einen absoluten Maßstab für «zwingende Logik» scheint es nicht zu geben; viele mathematische Beweise aus früheren Epochen würden heute als «nicht streng genug» verworfen werden. Fortschritt scheint also möglich zu sein: Die Anforderungen an das mathematische Schließen sind mit der Zeit gestiegen und nicht etwa laxer geworden. Im Verlauf dieses Buches werden gleichfalls immer strengere Begründungen für die Savant'sche Lösung auftauchen.

Weitere Fragen schließen sich an (freilich nur für die Leser, die bereits überzeugt sind; die anderen dürfen diese Seite später noch einmal aufblättern):

- Warum haben sich derart viele Leute getäuscht – noch dazu einschlägig ausgebildete?
- Wieso ließen sich viele von ihnen bis heute nicht überzeugen?
- Weshalb sind sie so wütend?

Das sind übrigens die Fragen, die dieses Buch geboren haben. «Denken in Wahrscheinlichkeiten» ist mehr als nur ein mathematisches Thema. Es hat mit unserer Psyche und unserer Kultur zu tun. Dazu später mehr.

Es folgen weitere Argumente, alle aus Leserbriefen, denen die Idee zugrunde liegt, das Spiel mehrmals hintereinander zu spielen:

«In einem Drittel der Fälle fährt die Kandidatin gut mit der Strategie, an ihrer gewählten Tür festzuhalten. In zwei Dritteln der Fälle geht sie automatisch zum Gewinn über, wenn sie wechselt.»

Anders herum ausgedrückt:

«In zwei Dritteln der Fälle habe ich zuerst eine Tür ohne Auto gewählt, also ist Wechseln besser.»

Oder, vom Moderator her gedacht: *Er sortiert eine Ziegentür aus der Menge der beiden verbleibenden Türen aus.* In zwei von drei Fällen verbirgt die nichtgewählte verschlossene Tür den Gewinn.
«Man führe das Spiel beispielsweise mit hundert anstelle von drei Türen durch», schrieb Gerhard Keller aus Berlin. «Angenommen, die Kandidatin zeigt zu Beginn des Spiels auf Tür 8. Der Moderator muß nun laut Spielregel von den verbleibenden 99 Türen 98 öffnen, hinter denen das Auto nicht steht. Neben Tür 8 bleibt also *eine* weitere, sagen wir Tür 57, geschlossen. Welche Tür wird die Kandidatin jetzt wohl wählen?» Dieser Fall zeigt das Prinzip sehr schön: Der Spielleiter sortiert die Nieten aus; da die gewählte Tür an dem Verfahren nicht teilnimmt (denn sie bleibt auf jeden Fall geschlossen), ändert sich einzig *ihr* Wert nicht.
Mein Lieblingsargument kommt von Stefan Sent aus Bonn: «Angenommen, es gibt zwei Kandidaten A und B. A bleibt immer bei der ersten Tür, B wechselt nach der Intervention des Moderators zur verbleibenden dritten Tür. Das Experiment findet 999mal statt.» Was geschieht? Da A sich vom Moderator nicht beeinflussen läßt, wird er aller Wahrscheinlichkeit nach um die 333 Autos gewinnen. «Doch wo bleiben die fehlenden 666 Autos? Sie können nur von B gewonnen sein. Somit hat B doppelt so viele Autos wie A gewonnen, also ist hinter der verbleibenden Tür tatsächlich mit doppelter Wahrscheinlichkeit ein Auto anzutreffen.»
Das Argument von Herrn Sent hatte ich in meinem zweiten Artikel zitiert, woraufhin folgende Zuschrift eintraf: «Die Begründung ist absurd, denn welcher Fernsehsender fände sich bereit, den gleichen Kandidaten 999mal auftreten zu lassen?»
Ein Leser aus Bogota (Kolumbien) kritisierte das 999er-Argument: «Wenn ich für das Spiel zwei verschiedene Versuchspersonen einsetzen möchte, dann muß ich mit jeder von ihnen getrennt die gleiche Zahl von Spielen machen. Die von Versuchsperson A nicht gewonnenen Autos kommen also nicht automatisch der Versuchsperson B zugute.» Gewiß, dann natürlich nicht. Aber die beiden können sehr wohl zusammen spielen: Ihre Erstwahl treffen sie gemeinsam (sie bestimmen beispielsweise die zuerst zu wählende Tür mit Hilfe eines Würfels), und B wechselt dann immer nach der Intervention des Moderators.
Das Experiment von Herrn Sent kann übrigens jedermann nachspielen. Darauf komme ich noch zurück.

Hokuspokus, Außerirdische, Heuschnupfen

Dennoch halten viele Leute daran fest, dies alles sei Hokuspokus. Ein Leser bemerkte vielsagend, es sei «keineswegs ein Zufall, wenn dies in einer Zeitschrift für Parapsychologie veröffentlicht wird, da angeblich durch bloßes unterschiedliches Fingerzeigen Gewinnchancen hinter verschlossenen Türen unterschiedlich verändert werden könnten». (Zur Ehrenrettung des *Skeptical Inquirer* wäre festzuhalten, daß er wohl eher als eine Zeitschrift *gegen* Parapsychologie anzusehen ist.)
Der interessante Punkt an diesem Einwand ist ein anderer: die Intervention des Moderators verschiebt natürlich kein Auto – aber *sie liefert eine Information über die verbliebene Tür*, so daß die Kandidatin nun besser raten kann als zuvor.
Aus dem ehrwürdigen Trient erreichte mich ein Fax, in dem mich eine Gruppe von Forschern folgendermaßen zu widerlegen versuchte: Angenommen, Marilyn und Gero sind die Kandidaten. Marilyn wählt Tür eins, Gero wählt Tür zwei. Nun öffnet der Moderator Tür drei. Sollen jetzt sowohl Marilyn als auch Gero ihre Türen tauschen, um ihre Chancen zu erhöhen – Bäumchen, wechsle dich?
Die Crux dieser Variante: Sie folgt anderen Spielregeln. In diesem Spiel sortiert der Moderator keine Niete aus. Er kann stets nur *die eine übrigbleibende* nichtgewählte Tür öffnen. Nach der nun sinnlosen Intervention des Moderators bleibt keine nichtgewählte Tür mehr übrig, über die er die Mitspieler damit hätte informieren können.
Wenige Tage später erreichte mich ein zweites Fax der Trienter Wissenschaftler: «Die ‹intelligenteste Frau der Welt› hatte doch recht.»
Was jener Leser nicht glauben mochte, der mir folgende Nuß zu knakken gab:
Ein Ufo landet im Zuschauerraum, und ein Außerirdischer springt auf die Bühne. Er sieht eine offene Ziegentür und zwei geschlossene Türen. Wie stehen seine Chancen, wenn er Tür eins wählt oder Tür zwei? Fifty-fifty, oder nicht?
Das kommt darauf an, wie die Juristen immer sagen, bevor sie Fälle bilden.
FALL EINS: Der Außerirdische kann durch geschlossene Türen blicken. Diesen Fall betrachten wir hier nicht und überlassen ihn dem *Skeptical Inquirer*.
FALL ZWEI: Der Außerirdische hat bis zu diesem Moment nichts

mitbekommen; dann darf er, weil ihm keinerlei Zusatzinformationen vorliegen, von gleichen Chancen bei Tür eins und Tür zwei ausgehen.
FALL DREI: Der Außerirdische hat alles mitverfolgt; dann ist er in keiner anderen Lage als die Kandidatin. Also sollte er wechseln, damit er bessere Chancen hat, vom Ufo auf das Auto umzusteigen.
Die Ufo-Variante des Ziegenproblems führt zu keinen neuen Lösungen, aber das damit verbundene Argument ist bemerkenswert: Der Argumentierende bildet einen Entscheidungsfall zwischen zwei Türen für einen vorurteilsfreien «objektiven Beobachter», dem er die eigene Denkweise einpflanzt. In juristischen Begründungen taucht dieser «objektive Beobachter» häufig auf, zum Beispiel als jemand, der «wie alle billig und gerecht Denkenden» urteilt. (Oft ist das nur «einer, der wie ich nach zehn Semestern Jura-Studium denkt».)
Wir können uns einen weiteren Mitspieler vorstellen, nämlich den Fernsehzuschauer, der anders als die Kandidatin tippt. Sie wählt Tür eins, er wählt Tür zwei.
Sollte der Fernsehzuschauer auf Tür eins wechseln, wenn der Moderator die Ziegentür Nummer drei öffnet?
Lieber nicht. Tür eins war für den Moderator tabu, denn sie wurde ja von der Kandidatin ausgesucht. Die Aktion des Moderators, eine Ziegentür aus dem Spiel zu werfen, beschränkte sich nur auf Tür zwei und Tür drei, lieferte also über Tür eins keinerlei Informationen. Die Wahl des Fernsehzuschauers schränkt die Intervention des Moderators nicht ein (von Tele-Telepathie sehen wir hier ab). Der Fernsehzuschauer sollte bei seiner Wahl bleiben; in etwa zwei Dritteln aller Fälle erlebt er das erhebende Gefühl, recht behalten zu haben (noch ein Tip: er sollte, trotz der Siegesfreude, die Tüte mit den Chips lieber nicht anrühren – siehe Seite 90).
Der Kinderbuch-Autor Paul Maar, dessen Buch ‹*Eine Woche voller Samstage*› ein schönes Beispiel für das Schließen mit Hilfe von Wahrscheinlichkeiten enthält[1], zweifelte gleichfalls an der Savant'schen Lösung und ersann eine spannende Variante:

1 Der Held des Buches bekommt am Montag Besuch von Herrn Mon. Am Dienstag geht er zum Dienst, am Mittwoch ist die Mitte der Woche, am Donnerstag gewittert es mächtig. Am Freitag bekommt er unvermutet arbeitsfrei. Als er am Samstag auf ein seltsames Wesen trifft, folgert er: das muß ein Sams sein!

Die Kandidatin will «Ich wähle Tür eins» sagen, doch ein Heuschnupfenanfall zwingt sie zu niesen. In diesem Moment ruft eine vorwitzige Zuschauerin «Tür zwei!». Der Quizmaster nimmt irrtümlich an, die Kandidatin habe Tür zwei gewählt und öffnet Tür drei, die Ziegentür. Welche Tür soll die Kandidatin nun wählen?
Wenn sie alles mitbekommen hat, sollte sie sich für Tür eins entscheiden, denn der Moderator hat eine Ziegentür aus der Menge «Tür eins und Tür drei» aussortiert.
Ich vermute, daß einige Leser mittlerweile ungeduldig geworden sind, weil sie zwei messerscharfe Contra-Argumente in petto haben, die viel weiter reichen als alles, was bislang gegen Frau Savant vorgebracht wurde:

- Das Zufallsargument: Frau Savant habe nur dann recht, wenn der Moderator die Ziegentür vorsätzlich öffnete. Würde er sie rein zufällig öffnen, etwa versehentlich, dann verteilten sich die Chancen fifty-fifty.
- Das Moderator-Argument: Das Problem sei, so wie es dargestellt werde, unlösbar, denn alles hänge von der Strategie des Moderators ab. Für die jedoch gebe die Fallbeschreibung keine Anhaltspunkte.

Dieses Argument haben vornehmlich Mathematiker und Philosophen vorgebracht. Für solche Gemeinheiten werden Mathematiker und Philosophen offenbar ausgebildet: Jemand stellt eine Frage – und die scharfsinnigen Leute antworten nicht, sondern «ent-fragen». Ob zu Recht, das werden wir freilich noch sehen.
Zunächst verschaffen wir uns ein paar Kenntnisse in Wahrscheinlichkeitsrechnung.

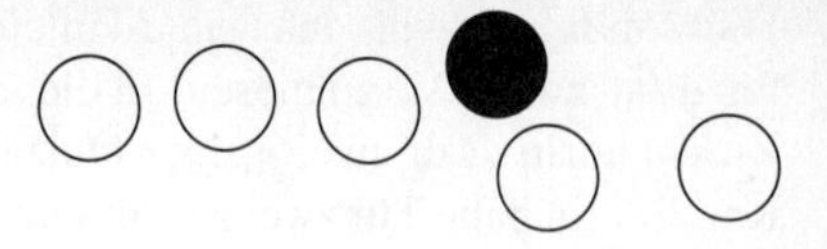

Wir lernen raten

Erste Begegnung mit der Wahrscheinlichkeit

«Die Theorie der Wahrscheinlichkeit ist ein System, das uns beim Raten hilft», schrieb der große Physiker Richard Feynman (1918–1988).

Wer daraufhin hoffnungsfroh im Brockhaus unter «Wahrscheinlichkeit» nachschlägt, wird jedoch mit philosophischen Streitfragen und der Drohung konfrontiert, daß eine mathematische Definition des Begriffes «sehr komplizierter mengentheoretischer Untersuchungen» bedürfe. Ingenieure wiederum, die traditionsgemäß in die ‹*Hütte*› gucken, das enzyklopädische Handbuch der Ingenieurwissenschaften, müssen dort erfahren: «Es gibt keine gleichzeitig anschauliche wie umfassende und exakte Definition der Wahrscheinlichkeit.»

Tja, und nun?

Gehen wir zunächst von Feynmans Erklärung aus. Wenn die Wahrscheinlichkeitslehre beim Raten hilft, bedeutet dies:

1. es gibt einen Ratenden;
2. es gibt eine Frage, deren Antwort nicht gewiß ist (sonst müßte sie nicht erraten werden);
3. es lassen sich Hinweise darauf finden, ob eine Antwort empfehlenswert ist und welche dies ist (andernfalls ist dem Ratenden nicht zu helfen).

Wahrscheinlichkeitslehre ist also demjenigen nützlich, der eine Frage beantworten will, die er nicht mit Gewißheit beantworten kann. Er versucht, seinen Wissensstand mit Hilfe der Wahrscheinlichkeitslehre nach Hinweisen dafür abzuklopfen, welche Antwort er geben sollte. Der Quiz-Moderator öffnet Tür drei, eine Ziege glotzt die Ratende an – und die Kandidatin versucht nun, daraus einen Hinweis für die Frage abzuleiten: wechseln oder nicht wechseln?

Das zu Erratende kann in der Zukunft, in der Gegenwart oder in der Vergangenheit liegen. Gewiß, darüber streiten sich die Philosophen,

doch scheint die Wahrscheinlichkeitsrechnung in der alltäglichen Ratepraxis, genannt «das Leben», stets von Nutzen zu sein – egal, ob uns die Vergangenheit, die Gegenwart, die Zukunft oder alle drei rätselhaft sind.
Ganz nebenbei entsteht ein Problem, das in einem späteren Kapitel diskutiert wird: Ist die Wahrscheinlichkeitstheorie nur eine Art Lehre des vernünftigen Schließens in Fällen, wo jemand raten muß, weil er zuwenig Informationen hat, um eine sichere Entscheidung zu treffen – oder gibt es auch «objektive Wahrscheinlichkeit»? Zum Beispiel derart, daß sich ein Elektron nur mit einer bestimmten Wahrscheinlichkeit an einem bestimmten Ort befindet (und nicht nur «wahrscheinlich dort zu finden» ist)? Gibt es «echten Zufall», also Ereignisse, auf deren Eintreten prinzipiell zu keinem vorherigen Zeitpunkt mit Gewißheit geschlossen werden kann – härter formuliert: Gibt es Ereignisse ohne Ursache?

Die Urformel

Zur Wissenschaft wurde das Raten etwa in der Mitte des 17. Jahrhunderts. In ihren Lehrbüchern wird von Münzen berichtet, die man in die Luft wirft, oder auch von markierten Kugeln, die aus einer «Urne» gezogen werden. Komischerweise ist es im Lehrbuch immer eine «Urne».
Auf Puerto Rico gibt es so eine Lotterie, sie heißt «Bolita», und die Kugeln stecken in einem Sack. Hundert numerierte Bälle liegen im Bolita-Sack, einer wird blind herausgefischt. Wie groß ist die Chance, einen ganz bestimmten Ball zu erwischen? Ein Hundertstel[1].
Dafür gibt es eine Formel:

$$p(A) = \frac{N_A}{N}$$

$$= 1/100$$

Was wollen uns diese Zeichen sagen?

1 «Ein Hundertstel» schreibe ich «1/100». Im Jargon der Zocker ist das eine Chance von «eins zu neunundneunzig», was ich «1:99» schreibe. Eine «Fifty-fifty-Chance» ist demnach «½» oder «einhalb», in der Zocker-Notation mithin «1 : 1» («eins zu eins»).

p steht für «Wahrscheinlichkeit» (probability)
A ist das Ereignis, nach dem gefragt wird
p(A) ist die Wahrscheinlichkeit des Ereignisses A
N_A ist die Anzahl der Ergebnisse mit der Ereignisqualität A, nach denen gefragt wird (hier ist die Anzahl eins, denn uns interessiert *eine bestimmte* zu ziehende Ziffernkugel)
N ist die Zahl aller gleich wahrscheinlichen Ergebnisse, unter denen Ergebnisse mit der Ereignisqualität A gesucht werden (hier also die Gesamtzahl der möglichen Kugel-Ziehungen, unter denen die Ziehung einer bestimmten Kugel als A-Ereignis ausgesucht wurde).
Nach einer ordentlichen Definition sieht das nicht aus, denn was «gleich wahrscheinliche Ergebnisse» sind, bleibt im dunkeln. Die Mathematiker hat das lange Zeit nicht gestört. Zu einer streng mathematischen Disziplin wurde die Wahrscheinlichkeitsrechnung ohnehin erst in den dreißiger Jahren dieses Jahrhunderts. Und für den Zweck dieses Buches reicht die Anfangsdefinition aus.
Wer mag, darf hier statt «gleich wahrscheinlich» auch «zufällig» sagen. Es ist zufällig, welche Kugel aus dem Bolita-Sack herausgenommen wird, jedenfalls aus der Sicht der Beteiligten und mindestens solange kein Multi-Millionen-Forschungsprojekt von Psychologen, Physiologen, Mathematikern und Physikern angeworfen wird, das den Greifprozeß der Bolita-Glücksfee in allen seinen Varianten untersucht. Doch selbst dann können wir den Fall unterstellen, daß die Dame, die in den Bolita-Sack greift, von alledem nichts weiß; sie ist über jeden möglichen Hergang des Kugelziehens *gleichermaßen unwissend* – und auch diesen Ausdruck können wir vorerst als äquivalent mit «gleich wahrscheinlich» ansehen (den Tip verdanken wir dem großen Mathematiker und Astronomen Pierre-Simon Laplace, 1749–1827; aber Vorsicht: nicht alles gleichermaßen Unbekannte gilt als «gleich wahrscheinlich», wie wir sehen werden).
Herrje, hier steht ja noch eine Urne herum. Zehn rote und zehn grüne Bälle sind darin. Wie groß ist meine Chance, mit einem Griff ein rotes Exemplar zu erwischen? Natürlich

$$p(A) = \frac{N_A}{N} = p(\text{rot}) = \frac{N_{\text{rot}}}{N_{\text{rot}} + N_{\text{grün}}} = \frac{10}{20} = \frac{1}{2}$$

Weil N_A und N bekannt sind, ist die Herstellung von p(A) ein Kinderspiel. Ich behellige Sie mit dieser Trivialität nur, um Sie ein wenig in Sicherheit zu wiegen – so, und jetzt werfen wir einen kurzen Blick in den Abgrund. Mit folgendem Beispiel zeigt uns der Mathematiker Hans-J. Bentz, daß

$$p(A) = \frac{N_A}{N}$$

keineswegs einen gesicherten Umkehrschluß erlaubt:

«Stellen wir uns vor, jemand gibt uns eine Urne mit (endlich vielen) schwarzen und weißen Kugeln und versichert uns, daß die Wahrscheinlichkeit, eine weiße Kugel zu ziehen, ½ sei. Können wir daraus schließen, daß die Hälfte der Kugeln weiße sind?»

Es ist zum Verrücktwerden: Wir können es nicht. Angenommen, die Urne sei von einem Zufallsapparat bestückt worden. Der Apparat ließ schwarze und weiße Bälle mit einer Wahrscheinlichkeit von je ½ hineinkullern. Wenn wir nicht in die Urne hineinsehen, können wir jetzt sagen: Die Chance, eine weiße Kugel zu ziehen, beträgt deshalb ½ – dennoch kann es sein, daß in der Urne beispielsweise mehr schwarze als weiße Kugeln liegen.
Ein paar Bemerkungen noch zum Umgang mit Formeln. *Zugegeben, Formeln sind die Geheimwaffe einer internationalen Verschwörung gegen Ihr Selbstbewußtsein.* Aber am besten tun Sie so, als würde Ihnen das nichts ausmachen, das verwirrt den Gegner.
In diesem Buch stehen zwar allerhand Formeln, aber meistens sind es nur Abwandlungen weniger Urformeln, und häufig sind es auch bloß Wiederholungen.
Wenn Sie die Formeln überspringen, entgehen Ihnen die wesentlichen Aussagen dieses Buches *nicht*. Worauf Sie dann allerdings verzichten, ist das befriedigende Gefühl, ein Problem formal gelöst zu haben. Dieses Glücksgefühl wird erzeugt, indem chemische Substanzen im Hirn ausgeschüttet werden; insofern ist dieses Erlebnis mit einem Orgasmus vergleichbar. Überlegen Sie sich das mit den Formeln also noch einmal.

Die Multiplikationsregel

Nun wird eine Münze geworfen – auch das ist eine gute Tradition. Die Wahrscheinlichkeit, daß «Kopf» oben liegt, beträgt nach unserer Formel ½ (überzeugen Sie sich!). Werden zwei Münzen geworfen, dann können wir fragen, wie hoch die Wahrscheinlichkeit ist, daß beide Münzen «Kopf» zeigen. Dieses Ereignis «Kopf & Kopf» ist also unser A. Wir fragen:

$$p(A) = \frac{N_A}{N}$$
$$= ?$$

N_A, die Zahl der gesuchten Ergebnisse mit der Ereignisqualität A, ist eins: Wir suchen nur ein spezielles Ereignis, nämlich «Kopf & Kopf». Wie viele Ergebnisse N sind möglich? Genau vier:

(1)	(2)	(3)	(4)
Kopf & Kopf	Zahl & Kopf	Kopf & Zahl	Zahl & Zahl

Also beträgt gemäß $p(A) = N_A / N$ die Wahrscheinlichkeit von «Kopf & Kopf» ein Viertel.
Wenn Sie etwas anderes herausbekommen, haben Sie vielleicht übersehen, daß (2) und (3) zwei verschiedene Ergebnisse sind: einmal zeigt die eine, dann die andere Münze «Kopf».
Noch ein Weg führt zu diesem Resultat: die «Kopf»-Chance der ersten Münze

$$p(\text{Kopf Münze}_{\text{eins}}) = ½$$

wird mit der «Kopf»-Chance der zweiten Münze

$$p(\text{Kopf Münze}_{\text{zwei}}) = ½$$

multipliziert:

$$p(\text{Kopf Münze}_{\text{eins}}) \cdot p(\text{Kopf Münze}_{\text{zwei}}) = ½ \cdot ½$$
$$= ¼$$
$$= p(\text{Kopf \& Kopf})$$

Damit haben wir eine Grundregel der Wahrscheinlichkeitsrechnung angewandt: Die Wahrscheinlichkeit des gemeinsamen Auftretens zweier *voneinander unabhängiger* Ereignisse (Ergebnisse der Qualität A oder B) ist gleich dem Produkt ihrer Wahrscheinlichkeiten:

$$p(A \text{ und } B) = p(A) \cdot p(B)$$

«Voneinander unabhängige» Ereignisse sind zum Beispiel die Augenzahlen zweier aufeinanderfolgender Würfe (oder eines Wurfes mit zwei Würfeln).

Wenn jedoch in einer Keksdose drei Kekse liegen, ein Schokokeks, ein Zuckerkeks und ein Öko-Dinkelkeks, dann sind die beiden aufeinanderfolgenden Ereignisse «blindes Herausfischen eines Schokokekses» und «blindes Herausfischen eines Öko-Kekses» keineswegs unabhängig voneinander: bekomme ich erst den Schokokeks in die Finger, bleiben nur noch zwei Kekse drin, und *dann* gilt leider

$$p(\text{Öko}) = 1/2$$

Wir dürfen also nicht rechnen:

$$\begin{aligned} p(\text{Schoko und Öko}) = p(\text{Schoko}) \cdot p(\text{Öko}) &= 1/3 \cdot 1/3 \\ &= 1/9 \end{aligned}$$

was ja auch ein völlig unsinniges Ergebnis wäre. Wir rechnen statt dessen:

$$\begin{aligned} p(\text{Schoko und Öko}) &= p(\text{Schoko}) \cdot p(\text{Öko wenn Schoko}) \\ &= 1/3 \cdot 1/2 \\ &= 1/6 \end{aligned}$$

sowie

$$\begin{aligned} p(\text{Schoko und Öko}) &= p(\text{Öko}) \cdot p(\text{Schoko wenn Öko}) \\ &= 1/3 \cdot 1/2 \\ &= 1/6 \end{aligned}$$

Jetzt haben wir schon mit *bedingten Wahrscheinlichkeiten* gerechnet; das werden wir später etwas systematischer tun. Bedingte Wahrscheinlichkeiten werden uns beim Ziegenproblem helfen.

Die Multiplikationsregel steht am Anfang der Geschichte unserer Rate-Theorie. Im Jahre 1654 legte ein mondäner Pariser Spieler dem Mathematiker und Religionsphilosophen Blaise Pascal (1623–1662) zwei Fragen vor. Das junge Genie konnte sie beantworten, schrieb darüber einen Brief an den bekannten Mathematiker Pierre de Fermat (1601–1665), und ihre anschließende Korrespondenz begründete gewissermaßen die Wahrscheinlichkeitstheorie. Die schwierigere der beiden Fragen war 1654 schon 160 Jahre alt und noch immer ungelöst, nämlich das «problème des parties», das Teilungsproblem: Wie mußte das eingesetzte Geld unter die Mitspieler aufgeteilt werden, wenn ein Glücksspiel mittendrin abgebrochen wurde? Pascal war der Ansicht, daß der Anteil jedes Spielers von der Gewinnchance abhängen sollte, die er im Moment des Abbruchs hatte – und fand einen Weg, diese Chancen zu berechnen.

Stellen wir uns vor, zwei Spieler würfeln um die Wette. Der höhere Wurf bringt jeweils einen Punkt, und wer zuerst fünf Punkte hat, erhält den ganzen Einsatz. Das Spiel wird vorzeitig abgebrochen, und A hat vier, B drei Punkte. Nun muß die Chance von B berechnet werden. B gewinnt den nächsten Wurf mit einer Wahrscheinlichkeit von $\frac{1}{2}$, ebenso den folgenden, deshalb beträgt seine Gewinnchance $\frac{1}{2} \cdot \frac{1}{2} = \frac{1}{4}$. A hat also Chancen von $\frac{3}{4}$, und dementsprechend muß geteilt werden.

Berühmte Mathematiker vor Pascal hatten irrtümlicherweise angenommen, daß A zwei Drittel des Einsatzes zustünden, weil A in zwei Fällen gewinnen kann, nämlich bei den Spielständen 5 zu 3 und 5 zu 4, hingegen kann B nur bei einem Spielstand von 5 zu 4 (für B) gewinnen. Sie stellten sich die verschiedenen Wege zum Sieg vor und kalkulierten mit deren Anzahl statt mit deren Wahrscheinlichkeit – ein Irrtum, den auch heute noch viele Menschen machen, wie wir sehen werden.

Die Multiplikationsregel für voneinander unabhängige Ereignisse

$$p(\text{A und B}) = p(A) \cdot p(B)$$

gilt auch für Ereignisse, die nicht gleich wahrscheinlich sind, es muß also nicht $p(A) = p(B)$ sein. Wenn zum Beispiel der Gewinner im Bolita-Spiel hernach mit einer Münze «Kopf» werfen müßte, um den Preis einzuheimsen, dann würde sich seine Chance halbieren. Hätte er auf irgendeine Kugel gesetzt, zum Beispiel die «70», so wäre seine Chance, sie zu ziehen und nach dem Münzwurf den Preis zu ergattern:

$$\frac{1}{100} \cdot \frac{1}{2} = \frac{1}{200}$$

Die Multiplikationsregel ist nützlich. Als der verschuldete König Ludwig XIV. den ersten Preis in der staatlichen Lotterie gezogen hatte, hoben die Pariser die Augenbrauen, doch nachdem sie erfuhren, daß einige Edle aus dem Hofstaat des Sonnenkönigs gleichfalls eine glückliche Hand gehabt haben mußten – da glaubte niemand mehr an Zufall.

Was «ist» Wahrscheinlichkeit? (Teil I)

Jetzt schnappen wir uns einen Würfel. Die Wahrscheinlichkeit, auf Anhieb eine bestimmte Zahl, sagen wir die Drei, zu werfen, ist

$$p(\text{Drei}) = \frac{1}{6}$$

Wie groß ist die Wahrscheinlichkeit, die Drei *nicht* zu werfen? Die Anzahl N_A der Ergebnisse mit der Ereignisqualität A (also mit der Qualität «nicht Drei»), nach denen wir jetzt fragen, ist fünf: die fünf verschiedenen Augenzahlen 1,2,4,5,6. Daraus folgt

$$p(\text{nicht Drei}) = \frac{5}{6}$$

Nun gilt

$$\frac{5}{6} = 1 - \frac{1}{6}$$

und weil die Drei und der Würfel nur ein Beispiel sind, können wir ganz allgemein sagen – wir nennen das die Negationsregel:

$$p(\text{nicht } A) = 1 - p(A)$$

Aus dem, was wir wissen, können wir jetzt schließen: Der Wert von $p(A) = N_A/N$ ist stets eine Zahl von null bis eins. Denn, erstens: Die Zahl N_A der gesuchten Ergebnisse kann null sein (wenn es kein Ergebnis mit der gesuchten Ereignisqualität A gibt), nicht aber negativ. Die Chance, mit *einem* Würfel eine Sieben zu werfen, ist beispielsweise

$$p(\text{Sieben}) = \frac{0}{6} = 0$$

Der Ausdruck $p(A) = 0$ bedeutet eine Null-Wahrscheinlichkeit, nämlich die *Unmöglichkeit* von A.
Und zweitens: N_A (die Zahl der gesuchten Ergebnisse mit Ereignisqualität A) kann nicht größer sein als N (die Gesamtzahl der Ergebnisse, aus denen die A's herausgesucht wurden), also ist der Bruch N_A/N nie größer als eins. Was, wenn er *gleich* eins ist? Die Chance, mit einem Würfel eine Zahl zwischen der Eins und der Sechs zu werfen, ist gleich

$$p(\text{Eins, Zwei, Drei, Vier, Fünf oder Sechs}) = \frac{6}{6} = 1$$

Der Ausdruck $p(A) = 1$ bezeichnet eine Eins-Wahrscheinlichkeit, also die *Gewißheit*, daß A eintritt (wenn jemand würfelt).

Spätestens jetzt ist eine Entschuldigung fällig. Ich habe nämlich einen üblen Trick benutzt, als ich zu erklären versuchte, was Wahrscheinlichkeit ist. Die Formel

$$p(A) = \frac{N_A}{N}$$

sieht zwar schön aus und hilft in einigen Fällen weiter. Aber was *bedeutet* denn p(A)? Darüber habe ich kein Sterbenswörtchen verloren und so getan, als würde es völlig ausreichen, daß wir mit dieser Formel etwas berechnen können, was ich unbekümmert «Wahrscheinlichkeit» oder auch «Chance» genannt habe. Doch immerhin: Wenn «$p(A) = 0$» bedeutet, daß A unmöglich ist, und «$p(A) = 1$» bedeutet, daß A gewiß ist, dann gibt p(A) offenbar das *Maß* an, inwieweit wir mit dem Eintreffen von A rechnen dürfen. Die Wahrscheinlichkeit ist sozusagen *ein Maß der Vertrauenswürdigkeit*. Das ist doch immerhin schon etwas. Übrigens dürfen Sie den Würfel jetzt wieder aus der Hand legen.
Der Ausdruck $p(A) = N_A/N$ sagt noch mehr. Beim Wurf einer Münze gilt

$$p(\text{Kopf}) = 1/2$$

und das bedeutet: je öfter wir werfen, desto mehr wird sich das Verhältnis der «Kopf»-Würfe zur Gesamtzahl der Würfe dem Wert ½ annähern. Damit sind wir bei dem berühmten «Gesetz der großen Zahl» angekommen. Wird der Wert ½ irgendwann einmal genau erreicht?
Gut möglich, vielleicht schon nach zwei Würfen. Könnten wir unendlich oft werfen, würde im Verlauf des langweiligen Spiels unendlich oft das Verhältnis ½ erreicht. Leider gibt auch das Gesetz der großen Zahl keine Garantien. So ist bei extrem langen Wurfreihen, zum Beispiel bei einer Million Würfen, keineswegs gesichert, daß genau das Verhältnis ½ herauskommt. Der Ausdruck

$$p(\text{Kopf}) = 1/2$$

verspricht also *nicht*, daß wir bei zwei Würfen einmal «Kopf» und einmal «Zahl» landen. *Wir dürfen aber p(Kopf) = ½ für eine vernünftige Schätzung halten, deren Genauigkeit mit der Zahl der Würfe zunimmt.*

Technische Sicherheit

Das war ein bißchen Theorie, jetzt kommt ein bißchen Praxis.
Ein Fallschirmspringer hat zwei Fallschirme im Gepäck und will seine Chance bestimmen, daß sich wenigstens einer von beiden öffnet. Angenommen, ein solcher Schirm öffnet sich in 999 von 1000 Fällen. Jetzt rechnet unser Fallschirmspringer:

$$p\,(\text{Schirm 1 öffnet sich}) = {}^{999}/_{1000}$$

also

$$p\,(\text{Schirm 1 bleibt zu}) = {}^{1}/_{1000}$$

Zweitens:

$$p\,(\text{Schirm 2 öffnet sich}) = {}^{999}/_{1000}$$

also

$$p\,(\text{Schirm 2 bleibt zu}) = {}^{1}/_{1000}$$

Jetzt wird multipliziert:

$$p\,(\text{beide Schirme bleiben zu}) = {}^{1}/_{1000000}$$

also beträgt das Risiko ein Millionstel. Ist das viel oder wenig, was meinen Sie?
Werden echte Brüche (also Brüche, deren Wert kleiner ist als eins) miteinander multipliziert, wird das Produkt verblüffend schnell ganz klein. Wie Fallschirmspringer profitieren auch Sicherheitstechniker bei gefährlichen Industrieanlagen vom Multiplikationsprinzip. Ihre «Doppelt-hält-besser-Regel» heißt *technische Redundanz*.
Wir finden technische Redundanz zum Beispiel bei Sensoren. Das sind künstliche Fühler, die der Steuerung eines technischen Systems (eines Flugzeugs zum Beispiel oder eines Kraftwerks) Informationen über Temperaturen, Gaskonzentrationen, mechanische Kräfte und andere Meßgrößen liefern. Bei sogenannter «Hardware-Redundanz» werden statt nur eines Sensors gleich mehrere angesetzt, und ein Auswertungscomputer akzeptiert denjenigen Meßwert, den die Mehrheit der Sensoren meldet (man nennt das «Voting»).
Nicht nur Sensoren, sondern auch «Aktoren» können redundant ausgelegt werden: Im Airbus A320 beispielsweise kann das Höhenruder vom Piloten über vier verschiedene Rechner gesteuert werden. Fallen

sie allesamt aus, läßt sich das Auf und Ab immer noch mit einem elektromechanischen Trimmer regeln – der nunmehr recht wackelige Flug macht den Passagieren dann zwar keinen rechten Spaß mehr, aber die Insassen kommen glimpflich davon. Die Airbus-Konstrukteure waren klug genug, die Flughöhe nicht vollständig automatischen Rechnern zu überantworten (die drei bisherigen Airbus-Unglücke sind daher wohl auf andere Ursachen zurückzuführen als auf Computerfehler).

Die Luftfahrtindustrie und andere, die mit Hardware-Redundanz arbeiten, weisen hinsichtlich der Sicherheitsrisiken gern auf die Multiplikationsregel hin. Hardware-Redundanz hat freilich ihre Tücken. Parallel geschaltete Sensoren oder Aktoren können von derselben Fehlerquelle und zum gleichen Zeitpunkt gestört werden. Wenn die Firma, in der die Fallschirme genäht wurden, schlechtes Material verarbeitet, kann es sehr wohl passieren, daß schon nach wenigen Wochen Lagerung beide Fallschirme schadhaft sind und versagen, sobald der Fallschirmspringer an der Leine zieht – die zu multiplizierenden Brüche sind beide dicht bei Eins, ihr Produkt auch.

Ähnliche Mißlichkeiten können bei «Software-Redundanz» auftreten. Selbst dann, wenn sich ein Kontrollautomatismus auf das Mehrheitsvotum verschiedener Computerprogramme stützt, die von unabhängig arbeitenden Teams gestrickt worden sind – *selbst dann* scheitert das System zuweilen an demselben Programmierfehler, der in sämtlichen Programmen parallel auftaucht. Wie alle Menschen neigen auch Programmierer immer wieder zu ganz bestimmten Irrtümern.

Außerdem muß der Ablauf der Teilprogramme koordiniert werden, eine Programmieraufgabe, die wiederum zur Fehlerquelle werden kann. In anderen Fällen sind die Programmteile in Ordnung, aber das Programm fürs «Voting» spielt verrückt – so geschehen 1981 beim ersten Countdown der US-Raumfähre.

Seit wenigen Jahren zieht ein drittes Redundanz-Konzept das Interesse der Sicherheitsfachleute auf sich: die «analytische Redundanz». In diesem Fall wird ein vom Sensor gemessener Wert (oder eine daraus errechnete Zahl) mit einer künstlich erzeugten Größe verglichen: Nicht ein zweiter Sensor liefert diese Größe, sondern eine Computersimulation des zu regelnden Prozesses. Die Differenzen zwischen Sensor- und Simulationsdaten werden statistisch untersucht, und das Muster der Abweichungen deutet dann, so die Theorie, auf bestimmte Schwächen hin: typische Fehler des Prozesses oder des Sen-

sors selbst. Pumpen, Wärmetauscher, Robotergetriebe, Bohrmaschinen und hydraulische Steuerungen wurden bereits mit Hilfe «analytischer Redundanz» überwacht.
Die Redundanz der Ingenieure ist freilich armselig gegen die Redundanz der Natur mit ihren Myriaden von Fischeiern, Blütenpollen und Spermien. Auch der Mensch ist redundant konstruiert, und zwar nach dem Prinzip der «dynamischen Redundanz»: Mehrere gleichartige Teile wirken zusammen, und wenn eines schlapp macht, wird seine Arbeit, so gut es geht, von den anderen übernommen. Fällt eine Hirnregion aus, dann können andere Hirnzellen deren Funktion oft übernehmen; der menschliche Körper übersteht auch das Versagen eines Fingers, eines Armes, eines Auges oder einer Niere. Die Hand läßt sich mit unterschiedlichen Bewegungskombinationen in ein und dieselbe Position bringen; ist meine Bewegungsfreiheit eingeschränkt, zum Beispiel weil ein Gelenk verletzt ist, so kann ich dennoch die Kaffeetasse zum Mund führen. Dynamische Redundanz finden wir übrigens bei vielen Computersystemen: Ein zweiter Computer leistet Hilfsdienste, wenn jedoch der Hauptrechner ausfällt, springt die Nummer zwei ein, bis der Schaden behoben ist.
Der Redundanz bedienen sich übrigens alle, die kommunizieren, sprechen oder schreiben. In diesem Buch etwa wiederhole ich die Formel

$$p(A) = \frac{N_A}{N}$$

ziemlich oft (eben zum Beispiel), und nicht nur diese Formel, sondern auch Sätze. (Und wo ich gerade dabei bin: Sprache ist super-redundant, hbn S ds schn gmrkt?)

Die Tricks der Futurologen

Es hilft, sich an die Multiplikationsregel

$$p(A \text{ und } B) = p(A) \cdot p(B)$$

zu erinnern, wenn wir Szenarien von Futurologen und anderen Leuten lesen, die Bilder der Zukunft malen. Die Szenarien mögen noch so plausibel klingen – je mehr Ereignisse sie enthalten, desto unwahrscheinlicher ist ihr Eintreffen. Leider haben detaillierte Bilder stärkere Überzeugungskraft als einzelne Behauptungen über die Zukunft. Wenn wir in unserem Geiste ein Szenario simulieren, denken wir für jedes Einzelereignis dessen Ursachen und Umgebung mit, wodurch die ganze Szenerie einleuchtender und deshalb wahrscheinlicher klingt als die schlichte Behauptung, ein bestimmtes Einzelereignis werde eintreten.

Dies nennen Psychologen den Simulationsirrtum: Was wir uns leichter vorstellen, leichter im Geiste simulieren können, gilt uns als wahrscheinlicher. In einer ihrer bahnbrechenden Studien haben die beiden US-amerikanischen Psychologen Daniel Kahnemann und Amos Tversky im Dezember 1980 ihren Testpersonen folgende Fragen vorgelegt:

In diesem Fragebogen sollen Sie die Wahrscheinlichkeit von Ereignissen beurteilen, die 1981 eintreten könnten.

(A) Reagan wird die Bundeszahlungen für die Kommunalregierungen kürzen.

(B) Reagan wird Unterstützungsgelder für unverheiratete Mütter beschließen.

(C) Reagan wird den Verteidigungshaushalt um weniger als fünf Prozent erhöhen.

(D) Reagan wird Unterstützungsgelder für unverheiratete Mütter beschließen und die Bundeszahlungen für die Kommunalregierungen kürzen.

Für die meisten Teilnehmer hatte die Voraussage (D) eine höhere Wahrscheinlichkeit als die Aussage (A) oder (B), obwohl natürlich gilt

$$p(D) = p(A) \cdot p(B)$$

und deshalb, da wir mit echten Brüchen multiplizieren:

$$p(D) < p(A)$$

und

$$p(D) < p(B)$$

Berühmt geworden ist auch der «Linda-Test» von Kahnemann und Tversky, bei dem es nicht um zukünftige Ereignisse geht, sondern um die Wahrscheinlichkeit, daß eine Aussage über die Gegenwart zutrifft:

Linda ist 31 Jahre alt, Single, freimütig und sehr intelligent. Sie hat ein Diplom in Philosophie. Als Studentin hatte sie sich stark gegen ver-

schiedene Formen der Diskriminierung engagiert und nahm auch an Anti-Atom-Demonstrationen teil.

Die Versuchspersonen werden nun gefragt, welche der folgenden Möglichkeiten wahrscheinlicher ist:

(1) *Linda ist Kassenbeamtin einer Bank.*

(2) *Linda ist Kassenbeamtin einer Bank und aktive Feministin.*

Die meisten Testpersonen entschieden sich für Nummer (2).

Der gleiche Irrtum kann sich auch bei Aussagen über die Vergangenheit einstellen: Wenn der Staatsanwalt in seinem Plädoyer sagt «Danach verließ der Angeklagte den Tatort», klingt das nicht so überzeugend wie «Danach warf der Angeklagte einen Blick aus dem Fenster und verließ den Tatort.»

Szenarien, obwohl unwahrscheinlicher, sind eben anschaulicher. Detaillierte Angaben suggerieren Glaubwürdigkeit und bestimmte Kausalverknüpfungen. Dies ist auch das Geheimnis der Überzeugungskraft erzählerischer Geschichtsdarstellungen.

Ein anderer Trick, Aussagen über Ungewisses den Anschein des Exakten zu verleihen, ist das Schwelgen in «Wahrscheinlichkeitswerten», aus denen aber nicht hervorgeht, was im Bruch N_A/N eigentlich verglichen wird. Was sollen wir von der Mitteilung aus dem Radio: «Niederschlagswahrscheinlichkeit: siebzig Prozent» halten? Untersuchungen in den USA haben ergeben, daß die Hörer derartige Aussagen verschieden interpretieren:

- Eine 7/10-Wahrscheinlichkeit für Regen im gesamten Sendegebiet.
- Eine 7/10-Wahrscheinlichkeit für Regen irgendwo im Sendegebiet.
- In 70 Prozent des Sendegebietes wird es regnen, man weiß nur nicht wo.
- Es wird in 70 Prozent der Zeit regnen, man weiß nur nicht wann.

Nicht die Radiohörer sind dafür zu schelten, sondern die Sendeanstalten, die derlei unklares Gewäsch in die Welt funken.

Das Botenproblem

Die Multiplikationsregel führt immer wieder zu Ergebnissen, die so gar nicht anschaulich sind. Aus dem Zweiten Weltkrieg stammt das folgende Problem, das hier allerdings in Zivilkleidung auftritt.

Sie wollen einen Geschäftsbrief absenden, und er soll unbedingt am nächsten Tag um 8.00 Uhr morgens bei Herrn Dr. hc. mult. P. Likation ankommen. Der Post mögen Sie den Brief lieber nicht anvertrauen; es bleiben zwei Botendienste. Der Dienst S ist doppelt so teuer wie der Dienst U, freilich sind die S-Boten auch doppelt so zuverlässig. Nun stehen Sie vor der Alternative:

ENTWEDER Sie geben das Schreiben dem Dienst S.
ODER Sie geben das Schreiben mitsamt einer Kopie davon dem Botendienst U, der zwei Boten getrennt voneinander in Marsch setzen soll.
Was ist besser?
Die Wahrscheinlichkeit, daß S den Brief pünktlich übergibt, nennen wir $p(S+)$. Die Wahrscheinlichkeit $p(S-)$, daß S es *nicht* schafft, ist daher nach der Negationsregel:

$$p(S-) = 1 - p(S+)$$

Für jeden der beiden Boten von U gilt dementsprechend:

$$p(U-) = 1 - p(U+)$$

Außerdem wissen wir, daß S doppelt so zuverlässig wie jeder einzelne U ist, also

$$p(S+) = 2 \cdot p(U+)$$

Die Wahrscheinlichkeit $p(U--)$, nämlich daß *beide* U-Boten versagen, ist nach der Multiplikationsregel

$$\begin{aligned} p(U--) &= p(U-) \cdot p(U-) \text{ was dasselbe ist wie} \\ & \quad (1 - p(U+)) \cdot (1 - (U+)) \\ &= (1 - p(U+))^2 \end{aligned}$$

Nun erinnern wir uns an eine Formel, die wir in der Schule auswendig gelernt haben:

$$(a - b)^2 = a^2 - 2ab + b^2$$

und die wenden wir an:

$$\begin{aligned} p(U--) &= (1 - p(U+))^2 \\ &= 1 - 2p(U+) + p(U+)^2 \\ &= 1 - p(S+) + p(U+)^2 \end{aligned}$$

In diesem «$1 - p(S+) + p(U+)^2$» entdecken wir einen alten Bekannten, das «$1 - p(S+)$», welches schon einmal vorkam, nämlich in

$$p(S-) = 1 - p(S+)$$

$1 - p(S+)$ ist natürlich kleiner als $1 - p(S+) + p(U+)^2$, also ist $p(S-)$ kleiner als $p(U--)$. *Die Wahrscheinlichkeit, daß beide Boten von U versagen, ist mithin größer als die Wahrscheinlichkeit, daß der S-Bote den Brief nicht rechtzeitig übermittelt.*

Ich füge eine Frage an, die einer meiner Mathe-Lehrer stets albern fand: «Man kann das zwar ausrechnen, aber *warum* ist das so?» – das ist die verzweifelte Bitte um eine anschauliche Erklärung. Und die ist hier sehr wohl möglich:

Angenommen, der S-Bote schafft es in acht von zehn Fällen, und jeder U-Bote schafft es nur in vier von zehn Fällen. Nun will ich nicht einen, sondern zehn Briefe losschicken. Den beiden Boten der Firma U vertraue ich also zehn Originale und zehn Kopien an. Dann kann es doch geschehen, daß beide U-Boten vier identische Adressen erreichen anstatt jeder vier andere? Obwohl ich den Boten zehn Briefe und zehn Kopien übergab, kommen dieses Mal nur vier Schreiben an, und meine ganze schlaue Doppelstrategie hat nichts genützt.

Die Additionsregel

Wir wenden uns noch einmal dem überaus abwechslungsreichen Spiel des Münzwurfs zu und kramen zwei Münzen hervor; eine Belohnung gibt es für jeden Fall, in dem «Kopf» geworfen wird, also in den Fällen «Kopf & Kopf», «Kopf & Zahl» und «Zahl & Kopf». Das sind drei gesuchte Fälle A, wir setzen diesen Wert für N_A in unsere Formel

$$p(A) = \frac{N_A}{N}$$

ein. (Wo steht geschrieben, daß N_A immer nur eins sein darf? Eben.) Vier gleich wahrscheinliche Fälle N sind insgesamt möglich:

(Fall 1)	(Fall 2)	(Fall 3)	(Fall 4)
Kopf & Kopf	Kopf & Zahl	Zahl & Kopf	Zahl & Zahl

Wir kommen also auf

$$p(\text{Belohnung}) = 3/4$$

Schön. Wie groß ist die Chance, daß eine von beiden Münzen «Kopf» und die andere dann «Zahl» zeigt? Wir befragen unsere Urformel $p(A) = N_A/N$: Die gesuchte $p(A)$ ist jetzt
$p(A) = p(\text{ein Kopf und eine Zahl, egal mit welcher Münze})$.
N_A wiederum ist die Anzahl von A's, und das sind in diesem Fall zwei Ergebnisse, nämlich Fall (2) und Fall (3). Also gilt

$$p(\text{ein Kopf und eine Zahl, egal mit welcher Münze}) = 2/4 = 1/2$$

Das ist dasselbe wie:

$$p(\text{Fall 2 oder Fall 3}) = p(\text{Fall 2}) + p(\text{Fall 3}) = 1/4 + 1/4 = 1/2$$

Wir haben damit eine *Additionsregel* benutzt, die so aussieht:

$$p(\text{A oder B}) = p(A) + p(B)$$

Allgemein ausgedrückt: Wenn ein Ergebnis auf mehreren Wegen zustande kommen kann, werden die Wahrscheinlichkeiten der Wege addiert. Diese Regel wirkt hübsch und einfach. Wie groß ist die Chance, bei einmaligem Würfeln eine Zwei oder eine Drei zu werfen?

$$p(\text{Wü2 oder Wü3}) = p(\text{Wü2}) + p(\text{Wü3}) = 1/6 + 1/6 = 1/3$$

Na, das ist ja wirklich simpel.
Aber...
...leider gibt es da ein Problem. Wir werfen jetzt mit *einer* Münze und fragen: Wie groß ist die Wahrscheinlichkeit, bei *zwei* Würfen *mindestens einmal* «Kopf» zu werfen? Es ist egal, ob ich einmal mit zwei Münzen oder zweimal mit einer Münze werfe, also sind wir wieder bei «$p(\text{Belohnung}) = 3/4$», denn:

FALL EINS: Wurf 1 = Kopf, Wurf 2 = Kopf
FALL ZWEI: Wurf 1 = Kopf, Wurf 2 = Zahl
FALL DREI: Wurf 1 = Zahl, Wurf 2 = Kopf
FALL VIER: Wurf 1 = Zahl, Wurf 2 = Zahl

Schön; mal sehen, ob die Additionsregel dasselbe sagt. Wir bezeichnen die «Kopf»Chance bei jedem Wurf mit $p(K_1)$ bzw. $p(K_2)$. Wenn wir die Additionsregel anwenden, bekommen wir:

$$\begin{aligned} p(\text{Belohnung}) &= p(K_1) + p(K_2) \\ &= \tfrac{1}{2} + \tfrac{1}{2} \\ &= 1\,? \end{aligned}$$

Nanu, es kommt nicht ¾ heraus? Statt dessen die kaum glaubhafte *Gewißheit* ($p = 1$), mindestens einmal «Kopf» zu werfen? Noch verrückter wird es bei drei Würfen:

$$\begin{aligned} p(\text{Belohnung}) &= p(K_1) + p(K_2) + (K_3) \\ &= \tfrac{1}{2} + \tfrac{1}{2} + \tfrac{1}{2} \\ &= 1{,}5\,? \end{aligned}$$

Es wäre also «übergewiß», völliger Unsinn!
Mit anderen Worten: *Die Additionsregel gilt nicht immer.* Wie ärgerlich.
Anstatt uns auf die wackelige Additionsregel zu verlassen, attackieren wir die Aufgabe mit einer anderen Methode, gestützt auf die *Multiplikationsregel*

$$p(A \text{ und } B) = p(A) \cdot p(B)$$

und die *Negationsregel*

$$p(A) = 1 - p(\text{nicht } A)$$

Auf geht's:

$$\begin{aligned} p(\text{Belohnung}) &= 1 - p(\text{zweimal Zahl}) \\ &= 1 - [(1 - p(K_1)) \cdot (1 - p(K_2))] \end{aligned}$$

und weil $p(K_1) = p(K_2) = \tfrac{1}{2}$, können wir schreiben

$$\begin{aligned} &= 1 - (1 - \tfrac{1}{2})^2 \\ &= 1 - \tfrac{1}{4} = \tfrac{3}{4} \end{aligned}$$

was, wie wir wissen, völlig in Ordnung ist.
Unsere Gleichung

$$\begin{aligned} p(\text{Belohnung}) &= 1 - p(\text{zweimal Zahl}) \\ &= 1 - [(1 - p(K_1)) \cdot (1 - p(K_2))] \end{aligned}$$

ist interessant. Der Ausdruck in der eckigen Klammer erinnert an die Regel

$$(a - b) \cdot (c - d) = (ac - ad) - (bc - bd)$$

Ich wende sie an und komme nach ein paar Umformungen (wollen Sie es selbst versuchen?) zu

$$p(\text{Belohnung}) = p(K_1) + p(K_2) - p(K_1) \cdot p(K_2)$$

und diese Formel hat es in sich. In unserem Fall führt sie zu

$$p(\text{Belohnung}) = \tfrac{1}{2} + \tfrac{1}{2} - \tfrac{1}{4} = \tfrac{3}{4}$$

was prima ist. *Außerdem ist sie die allgemeine Additionsregel für Wahrscheinlichkeiten*. Wir dürfen schreiben

$$p(A \text{ oder } B) = p(A) + p(B) - p(A) \cdot p(B)$$

und das gilt auch, wenn p (A) und p (B) verschieden groß sind.
Wenn wir diese *Additionsregel* auf Ereignisse A und B anwenden, die sich gegenseitig ausschließen, dann ist zu beachten, daß «p (A) · p (B)» nach der *Multiplikationsregel* gleichbedeutend ist mit «p (A und B)», so daß in diesen Fällen $p(A) \cdot p(B) = 0$ gilt. Mit anderen Worten: Wenn sich A und B gegenseitig ausschließen, gilt

$$\begin{aligned} p(A \text{ oder } B) &= p(A) + p(B) - 0 \\ &= p(A) + p(B) \end{aligned}$$

Gibt es dafür Beispiele? Wir haben sie oben schon kennengelernt: etwa im Würfelfall

$$p(\text{Wü2 oder Wü3}) = p(\text{Wü2}) + p(\text{Wü3})$$

denn $p(\text{Wü2}) \cdot p(\text{Wü3}) = 0$ (man kann nicht mit einem Würfel gleichzeitig eine Zwei und eine Drei würfeln). Unsere endlich gefundene Additionsregel funktioniert also jetzt in *allen* Fällen.
Wenn Wahrscheinlichkeiten nicht genau errechnet, sondern nur geschätzt werden sollen, kann es übrigens völlig in Ordnung sein, das Schwänzchen

$$«- p(A) \cdot p(B)»$$

abzuschneiden – aber nur, falls p (A) und p (B) *klein* sind, p (A) · p (B) also *sehr klein* würde.
Die Additionsregel hätte uns beim Botenproblem schnell über die

Runden gebracht. Wir nennen die Wahrscheinlichkeit, daß *mindestens ein* U-Bote den Brief richtig zustellt «p (mU+)», und bekommen:

$$\begin{aligned} p(mU+) &= p(U+) + p(U+) - p(U+) \cdot p(U+) \\ &= 2p(U+) - p(U+)^2 \\ &= p(S+) - p(U+)^2 \end{aligned}$$

also gilt

$$p(S+) = p(mU+) + p(U+)^2$$

woraus wir sehen, daß p (S+) mehr als p (mU+) ist.

Wir raten Risiken

Erinnern Sie sich noch an den Fallschirmspringer? Er ist mittlerweile gelandet. Sein Risiko betrug $^1/_{1.000.000}$, und ich fragte, ob das viel oder wenig sei. Angenommen, anläßlich der Intervention einer Supermacht in ihrem Nachbarstaat lassen sich *eine Million* Fallschirmspringer gleichzeitig aus den Flugzeugen fallen. Wird es *mindestens einen* von ihnen erwischen? Wir nennen diese Wahrscheinlichkeit p (m1Aua) und rechnen:

$$p(m1Aua) = 1 - p(\text{alle landen sicher})$$

also, aufgrund der Multiplikationsregel:

$$= 1 - (^{999.999}/_{1.000.000})^{1.000.000}$$

und das liegt ungefähr bei 0,63.
Abgefahrene Reifen, kaputte Sicherheitsgurte und ähnliche Schlamperei gilt vielen Mitmenschen nicht als besonders bedrohlich, weil sie nur die Wahrscheinlichkeit betrachten, daß bei einer einzelnen Autofahrt etwas passiert. Doch wer sich ausrechnet, wie viele Autofahrten er in den nächsten zwanzig Jahren unternehmen wird, muß die Wahrscheinlichkeiten, daß ihm *nichts* Schlimmes zustößt, miteinander multiplizieren – und alles sieht schon viel bedenklicher aus.
Nicht anders verhält es sich mit industriellen Risiken. Wir akzeptieren einmal die Schätzung, ein Atomkraftwerk (AKW) berge ein GAU-Risiko von $^1/_{10.000}$ pro Betriebsjahr. Bei derzeit etwa 420 weltweit betriebenen Atomkraftwerken bedeutet p (GAU) = $^1/_{10.000}$ für die Wahrscheinlichkeit mindestens eines GAUs p (m1GAU/J) immerhin:

$$p(\text{m1GAU/J bei 420 AKW}) = 1 - p(\text{nirgendwo ein GAU/J})$$
$$= 1 - p(\text{kein GAU in einem bestimmten AKW/J})^{420}$$
$$= 1 - ({}^{9.999}/_{10.000})^{420}$$

und das ergibt eine jährliche GAU-Wahrscheinlichkeit von ewa 0,041. Natürlich täuscht diese Zahl eine Genauigkeit vor, die sie in Wirklichkeit nicht bietet: Ihre Grundlage, der Wert $p(\text{GAU}) = {}^{1}/_{10.000}$, ist eine grobe Schätzung für die GAU-Gefahr eines «durchschnittlichen» AKW, was immer das bedeuten mag.
Wie sieht es in einer Zeitspanne von hundert Jahren aus? Wir können nicht etwa rechnen

$$p(\text{m1GAU in 100 Jahren}) = p(\text{m1GAU/J}) \cdot 100 = 4{,}1$$

denn wir hätten dann wieder eine «Übergewißheit» von $p = 4{,}1$. Statt dessen wenden wir die bewährte Berechnungsmethode an:

$$p(\text{m1GAU bei 420 AKW in 100 Jahren}) =$$
$$= 1 - p(\text{kein GAU bei 420 AKW in 100 Jahren})$$
$$= 1 - p(\text{kein GAU in 420 AKW/ J})^{100}$$
$$= 1 - (1 - 0{,}041)^{100}$$
$$= 1 - 0{,}959^{100}$$

und das ergibt ungefähr 0,985; also
$p(\text{mindestens ein GAU bei 420 AKW in 100 Jahren}) \approx 0{,}985$.
Diesmal ist die Genauigkeit des Ergebnisses noch fragwürdiger – schließlich verändert sich die Technik im Zeitraum eines Jahrhunderts fundamental. Mir bereitet aber schon der Gedanke Unbehagen, das gesamte GAU-Risiko könne zwischen $p = 0{,}8$ und $p = 0{,}9$ liegen.
Wir vergessen das alles ganz schnell und schalten das Radio ein. Wie interessant: Eine Sendung über Deichbauten an der Elbe. In Hamburg gibt es eine Vorschrift, wonach die Deiche so hoch gebaut sein müssen, daß die Wahrscheinlichkeit eines Wasserstandes oberhalb dieser Höhe

$$p(\text{Wasserstand über Höhe H}) = {}^{1}/_{100}$$

beträgt. «Die Deiche müssen also so gebaut sein, daß die Flut höchstens einmal im Jahrhundert hinübergelangt», kommentiert der Sprecher im Radio. Stimmt das? Wir nennen die Wahrscheinlichkeit einer Überflutung «p (Landunter)» und bekommen

$$\begin{aligned} p(\text{Landunter in 100 Jahren}) & \\ &= 1 - p(\text{nicht Landunter in 100 Jahren}) \\ &= 1 - [p(\text{nicht Landunter pro Jahr})]^{100} \\ &= 1 - (99/100)^{100} \\ &\approx 0{,}63 \end{aligned}$$

was wirklich besser als eine unausbleibliche «Jahrhundertflut» ist.
Nun wendet sich der Sprecher an den Herrn Senator, der im Studio zu Besuch ist: «Die Hamburger rechnen mit einer Jahrhundertflut, die Holländer dagegen mit einer Jahrtausendflut, der Grenzwert für holländische Deichbauten muß also eine Flutwahrscheinlichkeit von 1/1000 erreichen. Was sagen Sie dazu?» – Daraufhin der Senator, sinngemäß: «Na, da sind wir aber besser dran. Wir denken an das Hier und Heute, an die Gefahren in diesem Jahrhundert.»
Politiker. Man muß sich nicht mit Wahrscheinlichkeitsrechnung auskennen, um diese Antwort komisch zu finden. Die Sendung hat es wirklich gegeben. Der holländische Wert für die Wahrscheinlichkeit einer Überflutung beträgt nach obiger Rechnung übrigens etwa 0,095.
Etwas Seltsames zum Schluß.
Ein Mann liest Zeitung; bei einer Redewendung fällt ihm ein längst vergessener Jugendfreund wieder ein. Er blättert weiter – und erstarrt, als er dessen Todesanzeige gewahrt. Hier haben wir gleich zwei Zufälle. Sind sie, miteinander multipliziert, dermaßen unwahrscheinlich, daß vielleicht doch etwas Drittes im Spiel ist – Psi?
Die Geschichte ist wirklich jemandem passiert, dem Nobelpreisträger Luis W. Alvarez. Als Experimentalphysiker war er den Umgang mit Wahrscheinlichkeiten gewöhnt und begann zu rechnen. Sehr vorsichtig, um auf der sicheren Seite zu bleiben, schätzte er die Zahl der Personen, an die sich ein Erwachsener erinnern kann, addierte die geschätzte durchschnittliche Häufigkeit des Erinnerns an Bekanntschaften und einige Aspekte mehr und zog einen geschätzten Wert ab. Alvarez kam zu dem Schluß, die Wahrscheinlichkeit eines derartigen Erlebnisses betrage ungefähr 0,00003 pro Jahr und Person. Ist das wenig? Ganz und gar nicht. Diese Zahl zugrunde gelegt, können wir schätzen, daß so ein Zufall allein in Deutschland (78 Millionen Einwohner) über 2300mal im Jahr auftritt, also vielleicht sechsmal täglich, ganz ohne Psi.

Das Geburtstagsparadox

Wie schnell die Multiplikation echter Brüche zu winzigen Resultaten führt, soll das folgende Beispiel zeigen, das altehrwürdige «Geburtstagsparadox».
Angenommen, zwölf Pärchen treffen sich zum Gartenfest, haben ihren Spaß und wollen nun verabreden, sich jedesmal wieder zu treffen, wenn einer aus der Runde Geburtstag hat. «Was aber, wenn zwei Geburtstage zusammenfallen?» fragt Frau Dr. Zahl. «Ach was», meint ihr Mann, «das ist doch unwahrscheinlich.» – «Wir können ja wetten», entgegnet sie spitz.
Zunächst eine Vorbemerkung: Der Einfachheit halber wird mit 365 Tagen gerechnet, Schaltjahre bleiben außen vor.
Beginnen wir mit ein paar Lockerungsübungen. Wir konzentrieren uns auf irgendeine der Personen, genannt Mimi. Die Wahrscheinlichkeit, daß sie am 1. Januar Geburtstag hat, ist nicht sehr hoch, nämlich $^1/_{365}$. Wenn wir

$$p(\text{Geburtstag am 1. oder 2. Januar})$$

berechnen, kommen wir auf $^1/_{365} + {}^1/_{365} = {}^2/_{365}$. Die Wahrscheinlichkeit, daß Mimi an irgendeinem dieser 365 Tage Geburtstag hat, beträgt $^{365}/_{365} = 1$, aber das ist ja eh klar. Daß sie *nicht* am 1. Januar Geburtstag hat, ist recht wahrscheinlich: $^{364}/_{365}$.
Genug geübt, nun wird es ernst. Daß der Geburtstag einer beliebigen weiteren Person (wir nennen sie Fritz) auf einen anderen als Mimis Geburtstag fällt, hat eine Wahrscheinlichkeit von $^{364}/_{365}$. Daß der Geburtstag einer dritten Person weder mit Mimis noch mit Fritzens Geburtstag zusammenfällt, hat eine Wahrscheinlichkeit von $^{363}/_{365}$, und so geht es immer weiter, bis alle 24 Personen durchgespielt sind. Wir multiplizieren diese Wahrscheinlichkeiten des Nichtzusammentreffens von Geburtstagen und erhalten

$$p(\text{kein gemeinsamer Geburtstag}) = \frac{365 \cdot 364 \cdot 363 \ldots 342}{365^{24}}$$

und das liegt knapp unter ½, die Wahrscheinlichkeit des Zusammentreffens liegt mithin knapp darüber (wen der genaue Wert interessiert: $p = 0{,}5687$). Die Chancen stehen also etwas besser als ½ (fifty-fifty) für Frau Dr. Zahl. Für vierzig Personen steigen sie gar auf $^9/_{10}$.
Die meisten Menschen verblüfft dieses Ergebnis. Warum eigentlich?

Vielleicht, weil sie unbewußt an die Chance denken, daß gerade *ihr* Geburtstag mit dem eines anderen zusammenfällt (was man selten erlebt)? Der Wissenschaftsphilosoph Gerhard Vollmer nimmt an, daß wir glauben, die Wahrscheinlichkeit (p) des Zusammentreffens zweier Geburtstage wachse lediglich stetig mit der Gruppengröße (n) – und das ist falsch, wie die Abbildung zeigt:

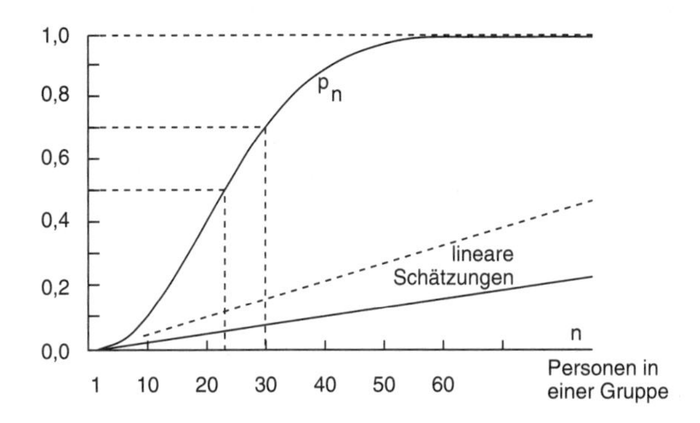

Einem ähnlichen Irrtum erliegen die meisten Teilnehmer eines aufschlußreichen Tests, den Psychologen schon oft durchgespielt haben. Die Probanden dürfen um einen Preis spielen und können zwischen zwei Spielen wählen:
SPIEL EINS: Eine Münze wird geworfen, bei «Kopf» gibt's den Preis.
SPIEL ZWEI: In einer Urne liegen neun weiße und eine schwarze Kugel. Siebenmal wird blind eine Kugel herausgenommen, angeschaut und wieder zurückgelegt; der Preis ist bei siebenmal «weiß» gewonnen.
Resultat: Die meisten Mitspieler rechnen sich größere Chancen aus, siebenmal mit je einer $\frac{9}{10}$-Chance «weiß» zu ziehen als einmal «Kopf» zu werfen. Indessen ist

$$p(\text{7mal weiß}) = (\tfrac{9}{10})^7 \approx 0{,}48$$

das heißt, etwas weniger als die $\frac{1}{2}$-Chance des Münzwurfs.

Tauchziegen, Prüfungsgremien, Pistolenschützen

Es folgen vier Aufgaben, die im Addieren und Multiplizieren von Wahrscheinlichkeiten üben.

Stellen Sie sich vor, eine Firma für wissenschaftliche Apparaturen wolle die Tauglichkeit ihrer neuen Tiefsee-Sonde für bemannte Expeditionen zum Meeresgrund testen. Zu diesem Zweck läßt sie von einem Forschungsschiff aus zwei Sonden ins Wasser; als Testbesatzung müssen zwei Ziegen herhalten. Die Sonden sind bereits viele hundert Meter tief gesunken, da fragt der Teamchef seinen Assistenten: «Haben Sie darauf geachtet, daß der Kontrollhebel auf ‹High› und nicht auf ‹Low› steht?» Der Assistent läuft rot an und gesteht, er habe nicht darauf geachtet. Allerdings, fügt er schnell hinzu, sei das Absinken der Sonden mit einer Videokamera gefilmt worden, und da sich der Hebel an der Außenwand befinde, könne man die Stellung überprüfen. Hastig läuft der Chef zum Video-Recorder, schaltet ihn ein – und wirklich: Bei einer Sonde steht der Hebel auf «High». Dummerweise ist nicht auszumachen, um welche Sonde es sich handelt, und der Schalter der anderen Sonde ist im Film nicht zu erkennen.

Steht auch nur ein Schalter auf «Low», muß das Experiment abgebrochen werden. Wie groß ist die Gefahr? Der Assistent überlegt:

FALL EINS: Sonde I OK, Sonde II OK
FALL ZWEI: Sonde I Fehler, Sonde II OK
FALL DREI: Sonde I OK, Sonde II Fehler

In zwei von drei Fällen läge demnach ein Fehler vor. Also, meint er, beläuft sich die Gefahr, daß eine Sonde falsch eingerichtet wurde, auf ⅔.

Nun, die Sache hat mal wieder einen Haken. Die drei Fälle sind nämlich nicht gleich wahrscheinlich. Sein Fall eins ist vielmehr so wahrscheinlich wie Fall zwei und Fall drei zusammengenommen. Wenn Ihnen das nicht spontan einleuchtet (manchen Menschen leuchtet das sofort ein, mir übrigens nicht), dann prüfen Sie bitte folgende Überlegung:

(1) p (Sonde I gefilmt/OK und Sonde II OK) = ½ · ½ = ¼
(2) p (Sonde I gefilmt/OK und Sonde II defekt) = ½ · ½ = ¼
(3) p (Sonde II gefilmt/OK und Sonde I OK) = ½ · ½ = ¼
(4) p (Sonde II gefilmt/OK und Sonde I defekt) = ½ · ½ = ¼

In den Fällen (1) und (3) sind *beide* Sonden okay, deren Wahrscheinlichkeiten ergeben zusammen

$$p(\text{alles OK}) = \tfrac{1}{2}$$

Die Fälle (2) und (4) ergeben

$$p(\text{eine Sonde falsch}) = \tfrac{1}{2}$$

die Chancen für das Experiment stehen also fifty-fifty. Der Fehler des Assistenten bestand darin, daß er (1) und (3) als einen einzigen Fall gerechnet hatte.
Nächster Fall: Das Prüfungsgremium im Diplom-Studiengang Metastrukturdekonstruktion setzte sich bisher aus drei Personen zusammen – einem Mann, einer Frau und einer Person unbestimmten Geschlechts. Der Mann und die Frau trafen jeweils mit der Wahrscheinlichkeit p(richtig) die richtige Entscheidung, die Person unbestimmten Geschlechts warf eine Münze und gab danach ihre Stimme ab; es galt der Entscheid der Mehrheit. Professor Irrida, der Ordinarius für Metastrukturdekonstruktion, möchte in Zukunft nur den Mann entscheiden lassen. Welches Modell hat die besseren Chancen, richtige Entscheidungen zu treffen?
VORBEREITUNG: Für «p(richtig)» schreiben wir der Einfachheit halber «p».
SCHRITT EINS: In $p \cdot p$ Fällen kommen der Mann und die Frau zum gleichen, richtigen Ergebnis, auf die münzenwerfende Person kommt es dann nicht an. Nebenbei notieren wir uns: $p \cdot p = p^2$
SCHRITT ZWEI: Bei den anderen korrekten Entscheidungen gab es Dissens zwischen Prüferin und Prüfer, und die dritte Person warf zufällig «richtig». Die Wahrscheinlichkeit, daß der Mann richtig und die Frau falsch entscheidet, beträgt $p \cdot (1 - p)$; die Wahrscheinlichkeit des umgekehrten Dissensfalles ist dementsprechend $(1 - p) \cdot p$. Die Wahrscheinlichkeit eines Dissenses beträgt nach der Additionsregel

$$p \cdot (1 - p) + (1 - p) \cdot p = 2p \cdot (1 - p)$$

und in der Hälfte dieser Fälle wird die Entscheidung wegen des Münzwurfs wiederum richtig, also in

$$2p \cdot (1 - p) \cdot \tfrac{1}{2}$$

Fällen.

SCHRITT DREI: Jetzt addieren wir die Wahrscheinlichkeiten richtiger Entscheidungen in den Konsens- und den Dissens-Fällen:

$$p^2 + 2p \cdot (1 - p) \cdot \tfrac{1}{2}$$

und rechnen ein bißchen damit:

$$\begin{aligned} p^2 + 2p \cdot (1 - p) \cdot \tfrac{1}{2} &= p^2 + p \cdot (1 - p) \\ &= p^2 + p - p^2 \\ &= p \end{aligned}$$

und das bedeutet, daß die Dezimierung der Jury auf eine Person, finanziell gesehen, kein schlechter Gedanke ist, wenngleich Professor Irrida kein Zacken aus der Krone gefallen wäre, hätte er die Frau vorgeschlagen.
Das folgende Beispiel entstammt einem Lehrbuch. Und wie das in solchen Büchern halt so ist, müssen wir uns zwei *Urnen* vorstellen. In der einen Urne liegen drei weiße und vier schwarze Kugeln, in der zweiten vier weiße und drei schwarze:

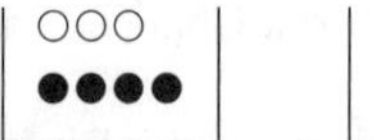

Jemand greift zufällig in die eine oder in die andere Urne (wie das jemand *zufällig* tun soll, bleibt rätselhaft, aber wir nehmen es einfach an) und holt eine Kugel heraus. Wie groß ist die Wahrscheinlichkeit, daß die gewählte Kugel weiß ist?
Vielleicht können wir ja so rechnen:

$$p(\text{weiße Kugel aus linker Urne}) = \tfrac{3}{7}$$
$$p(\text{weiße Kugel aus rechter Urne}) = \tfrac{4}{7}$$

nun wenden wir die Additionsregel

$$p(A \text{ oder } B) = p(A) + p(B)$$

an und bekommen

$$\begin{aligned} p(\text{weiße Kugel aus rechter oder linker Urne}) &= \tfrac{3}{7} + \tfrac{4}{7} \\ &= 1\,? \end{aligned}$$

Nanu? Es ist doch nicht etwa *gewiß*, also $p = 1$, daß eine weiße Kugel gezogen wird?

Natürlich nicht. Die *zufällige Wahl einer Urne* ist gleichfalls ein Ereignis, das wir in unser Rechenmodell einzubauen haben. Nämlich:

$$p(\text{weiße Kugel aus linker Urne}) = \tfrac{1}{2} \cdot \tfrac{3}{7} = \tfrac{3}{14}$$

und

$$p(\text{weiße Kugel aus rechter Urne}) = \tfrac{1}{2} \cdot \tfrac{4}{7} = \tfrac{4}{14}$$

so daß

$$p(\text{weiße Kugel aus rechter oder linker Urne}) = \tfrac{3}{14} + \tfrac{4}{14} = \tfrac{1}{2}$$

und das macht auch Sinn, wenn wir uns die Gesamtanzahl der weißen und schwarzen Kugeln (je sieben) sowie ihre Verteilung (3:4 und 4:3) ansehen.
Wieder hatten wir es mit *bedingten Wahrscheinlichkeiten* zu tun. Wir können sie uns in einem Diagramm verdeutlichen:

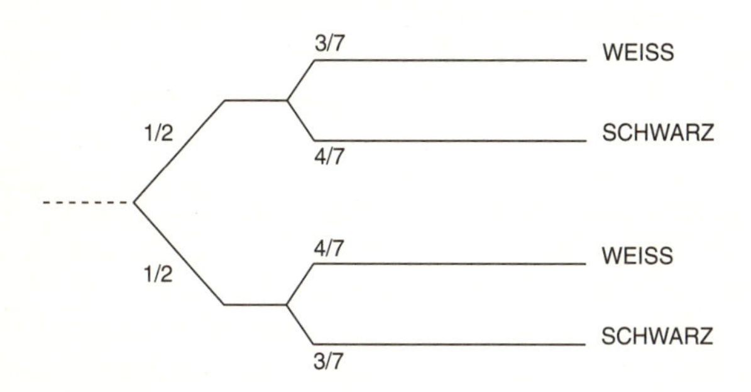

Um auf das Ergebnis WEISS oder SCHWARZ zu kommen, müssen wir gradlinig die Werte der jeweiligen Wege multiplizieren. Diese Methode wird uns nachher beim Ziegenproblem weiterhelfen. Ingenieure benutzen sie, um die Wahrscheinlichkeit von Unfällen abzuschätzen, zum Beispiel die Gefahr, daß ein Tanker seine (giftige oder explosive) Ladung verliert, wenn er eine Hafenmole rammt:

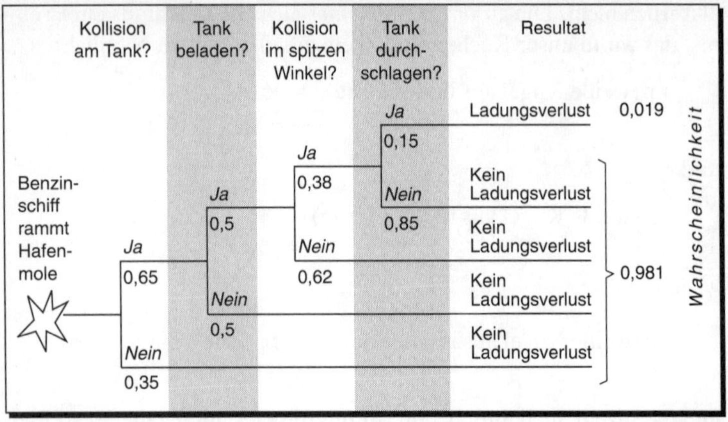

Risikoberechnung: Damit ein Tanker seine Ladung verliert, müssen der Reihe nach mehrere Ereignisse mit verschiedenen Wahrscheinlichkeiten stattfinden.

Ein letztes Rätsel:
Zwei Pistolenschützen, jeder mit einer Trefferquote von $p(A)$ bzw. $p(B) = \frac{1}{2}$, verabreden ein Duell mit folgenden Regeln: Es wird immer abwechselnd geschossen, bis einer getroffen ist. A fängt an. Wie stehen seine Chancen? Natürlich besser als die von B, denn wenn A das erste Mal verfehlt, kann er immer noch Glück haben – trifft er hingegen, so ist es aus mit B, ohne daß dieser jemals zum Zuge kam.
Aber wir wollen A's Chance genau wissen – wir wollen sie ausrechnen. Wohlan: Entweder er trifft beim ersten Mal, oder er trifft, nachdem B vorbeigeschossen hat, oder er trifft, nachdem B das zweite Mal vorbeigeschossen hat, oder... Die vielen «oders» zeigen, daß wir ziemlich oft addieren müssen, und zwar immer kleinere Chancen, nämlich:

$$p(\text{A gewinnt}) = p(A) + ((1 - p(A)) \cdot (1 - p(B)) \cdot p(A)) + ((1 - p(A)) \cdot (1 - p(B)) \cdot (1 - p(A)) \cdot (1 - pB)) \cdot pA)) + \text{usw.}$$

Jetzt setzen wir Zahlen ein und rechnen:

$$\tfrac{1}{2} + (\tfrac{1}{2} \cdot \tfrac{1}{2} \cdot \tfrac{1}{2}) + (\tfrac{1}{2} \cdot \tfrac{1}{2} \cdot \tfrac{1}{2} \cdot \tfrac{1}{2} \cdot \tfrac{1}{2}) + \text{usw.}$$

und das ergibt:

$$p(\text{A gewinnt}) = \tfrac{1}{2} \cdot (1 + \tfrac{1}{4} + \tfrac{1}{4}^2 + \tfrac{1}{4}^3 + \ldots)$$

Die lange Zahlenreihe in der Klammer nähert sich dem Wert $1 + 1/3$, wir dürfen daher schreiben

$$\approx 1/2 \cdot (1 + 1/3) = 1/2 \cdot (4/3) = 2/3$$

Die Chancen von A liegen bei $2/3$.

Es war sehr nett von Ihnen, meiner Behauptung zu glauben, daß sich die Zahlenreihe in der Klammer dem Wert $1 + 1/3$ nähert. Glauben ist nicht Wissen, deshalb füge ich eine Lösung desselben Problems an, die ohne Glaubensakte auskommt. Zunächst malen wir ein Diagramm:

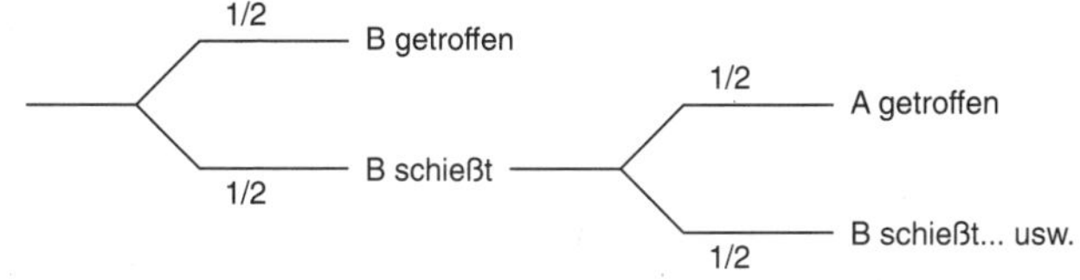

Trifft A beim ersten Schuß daneben, so ist B in derselben glücklichen Lage wie zuvor A. In diese bevorzugte Lage kommt er aber nur mit einer $1/2$-Chance. Mit anderen Worten: Er ist nur halb so gut dran wie A, seine Chancen sind zu Beginn des Spieles nur halb so groß. Außerdem addieren sich die anfänglichen Gewinn-Wahrscheinlichkeiten von A und B zu 1, weshalb nur folgende Verteilung übrig bleibt: $p(A) = 2/3$ und $p(B) = 1/3$. Genau wie oben, nur kürzer, simpler und ohne eine kompliziert aussehende Reihe ausgerechnet, die gegen irgend etwas strebt!

Wir wünschen B, daß der Sheriff dem Treiben ein Ende setzt, und werfen unterdes noch einmal die Frage auf: Was *bedeutet* p (A) überhaupt?

Was «ist» Wahrscheinlichkeit? (Teil II)

«Ein Maß des Vertrauens» habe ich die Wahrscheinlichkeit genannt, und im Verlauf des Kapitels zeigte sich, daß wir mit dieser Interpretation leben können. Sie rührt von den Anfängen der Wahrscheinlichkeitstheorie her.

In der Mitte des 17. Jahrhunderts suchten aufklärerische Geister nach den besten Methoden des Schließens. Sie hatten die ewigen Gewißheiten der klerikalen Dogmatiker satt, wollten aber zugleich dem zerstörerischen Zweifel der skeptischen Philosophie-Tradition Grenzen

setzen. Die Aufklärer suchten den dritten Weg zwischen Gewißheit und absolutem Zweifel und fanden ihn in der Wahrscheinlichkeit, dem Maß des Vertrauens in bestimmte Vermutungen.
Die Lösung, die Pascal für das Teilungsproblem gefunden hatte, entsprach ganz der Denkweise, die damals unter Handelsleuten üblich war. Pascal hatte die Teilung des Einsatzes gemäß dem erwartbaren Gewinn der beiden Spieler vorgeschlagen. Im damaligen Geschäftsleben spielte der «aleatorische Vertrag» eine wichtige Rolle. Darunter verstanden die Juristen den Tausch eines gegenwärtigen sicheren Werts gegen einen zukünftigen unsicheren Wert. Vielerlei Arten von Termingeschäften und Versicherungen gehörten dazu, gleichfalls Risiko-Kredite. Wie konnte man einen unsicheren zukünftigen Wert ermitteln? Offenbar mußte ein Verhältnis zwischen der Höhe dieses zukünftigen Wertes und seiner Unsicherheit gefunden werden. Dieses Verhältnis ist einfach und gilt unter Ökonomen nach wie vor als «Erwartungswert» eines ungewissen Ereignisses:

$$E = \text{erhoffter Wert} \cdot \text{dessen Wahrscheinlichkeit}$$

Wenn der Preis im Bolita-Spiel eintausend Dollar betrüge, dann wäre

$$E(\text{Bolita}) = 1000\,\$ \cdot 1/100 = 10\,\$$$

Zehn Dollar sind also ein fairer Preis für ein Bolita-Los.
Den zweiten Teil dieser E-Formel zu untersuchen, nämlich die Wahrscheinlichkeit, das war das Ziel der Pioniere wie Pascal.
Es ist erstaunlich, daß nicht schon früher jemand die Wahrscheinlichkeit erfaßt hatte. Versicherungen gab es bereits im alten Rom, und die Kaiser Nero und Augustus veranstalteten Lotterien mit kostbaren Gewinnen anläßlich der Saturnalien. Bis zu einer Theorie des Glücks und des Ratens sollte es aber noch viele Jahrhunderte dauern.
Die Wahrscheinlichkeitslehre, Pascals Rate-Methode, legte zugleich eine neue Theorie des Schließens aus Tatsachen nahe. Erinnern wir uns an das «Gesetz der großen Zahl», das uns in folgender Version begegnete:
Beim Münzwurf gilt

$$p(\text{Kopf}) = 1/2$$

und das bedeutet, je öfter wir werfen, desto mehr wird sich das Verhältnis der «Kopf»-Würfe zur Gesamtzahl der Würfe dem Wert ½ annähern. Wir können das Gesetz auch anders formulieren: Je öfter wir werfen und je mehr sich dabei das Verhältnis der «Kopf»-Würfe zur Gesamtzahl der Würfe dem Wert ½ nähert, desto sicherer dürfen wir sein, daß es sich um eine faire Münze handelt. Noch ein Beispiel: In einer Urne liegen hundert rote und zwei weiße Kugeln. Wir grapschen blind eine Kugel heraus, schreiben uns ihre Farbe auf und legen sie wieder zurück – viele Male. Je öfter wir das tun, desto genauer können wir auf das Zahlenverhältnis der Kugeln schließen, und ebenso darauf, was für Kugeln wir die nächsten Male wohl erwischen werden. Mit anderen Worten: Wahrscheinlichkeit sagt uns etwas über die *relative Häufigkeit* von Ereignissen.

Dieser Gedanke befruchtete psychologische Mutmaßungen, die ein knappes Jahrhundert später angestellt wurden. Der Philosoph David Hartley (1705–1757) nahm an, daß wiederholte Sinneseindrücke regelrechte Furchen im Hirn zögen, entlang derer wir von der Häufigkeit eines Ereignisses in der Vergangenheit auf seine Häufigkeit in der Zukunft schließen könnten. Die heutige Wissenschaft vom Gehirn geht ebenfalls davon aus, daß sich die wiederholte Nachrichtenübertragung zwischen bestimmten Gehirnzellen einschleift.

Hier haben wir drei Interpretationen von p (A) beisammen: ein Maß der Vertrauenswürdigkeit, eine anzunehmende Häufigkeitsverteilung, ein Schließverfahren. Philosophen und Mathematiker, denen wir dieses mächtige Werkzeug verdanken, haben noch mehr Bedeutungen der Wahrscheinlichkeit ermittelt und sich heftig darüber gestritten, welche Interpretation richtig, «eigentlich richtig» oder fundamental für die übrigen sei. Einige Theoretiker behaupten sogar, «Wahrscheinlichkeit» sei eine Bezeichnung für völlig verschiedene Konzepte, die *rein gar nichts* miteinander zu tun haben. In diesem Buch wird die verbreitete Methode verfolgt, jeweils die Bedeutung hervorzukramen, die (wahrscheinlich!) gerade paßt, die also am besten beim Raten hilft. Darum geht's schließlich.

Kopfnuß: Zomepirac

Ein kniffliges Beispiel für das Schließen nach Wahrscheinlichkeiten gibt uns der US-Ökonom Barry Nalebuff. Er bildete folgenden Fall, die vereinfachte Version eines tatsächlichen Ereignisses:

Eine weitgehend gesunde 42jährige Frau besucht eines Vormittags ihren Zahnarzt, um sich einen Weisheitszahn ziehen zu lassen. Am Abend nach der Operation stirbt sie. Die Untersuchungsbeamten vermuten, die Frau habe allergisch auf ein Medikament reagiert. Die Patientin hatte vor dem Arztbesuch eine Penicillin-Tablette eingenommen – dies ist der erste Verdächtige. Der Zahnarzt hatte ihr gegen die postoperativen Schmerzen ein Medikament namens Zomepirac verschrieben, welches sie bei Bedarf schlucken sollte; die Frau hatte es sich anschließend in der Apotheke besorgt – der zweite Verdächtige. Es ist indes nicht festzustellen, ob sie es auch eingenommen hat. Zum dritten Verdächtigen wird das Novocain, das ihr der Arzt kurz vor der Extraktion verabreicht hatte. Experten, von der Kripo befragt, steuern folgende Informationen bei:

- Wenn sie Zomepirac eingenommen hat, ist es mit 95 Prozent Sicherheit die Todesursache.
- 60 Prozent der Patienten solcher Operationen nehmen zu Hause die verschriebenen Mittel ein, p (Einnahme) = 0,6.

Viele neigen nun dazu, 0,95 · 0,6 = 0,57 zu rechnen, also Zomepirac mit p = 0,57 die Schuld zu geben.

Nehmen wir die Urformel $p(A) = N_A/N$. Wie groß ist die Wahrscheinlichkeit, daß die Frau ein Zomepirac-Opfer ist? Wir stellen uns die Todesfälle nach Zahnextraktionen vor und teilen die Zahl der Zomepirac-Opfer (N_A) durch die Zahl aller Todesfälle (N). Aber wie ermitteln wir N_A und N?

Nalebuff hat eine Idee. Zunächst betrachtet er eine Gruppe von tausend Patienten. Davon nehmen 600 Zomepirac. Von den 600 Patienten sterben X, davon X · 0,95 an Zomepirac und X · 0,05 aus anderen Gründen (Effekte des Zusammenwirkens dieser Gründe mit Zomepirac sind hier ausgeklammert). Wie viele der 400 übrigen Patienten werden vorzeitig sterben? Sie werden aus denselben «anderen Gründen» sterben wie die X · 0,05 Angehörigen der Zomepirac-Gruppe. Also, meint Nalebuff, gilt die gleiche Wahrscheinlichkeit für diese «anderen Gründe». Sie betrug in der Zomepirac-Gruppe $p = X \cdot 0{,}05/600$, weshalb in der zweiten Gruppe $400 \cdot (X \cdot 0{,}05/600)$ vorzeitig sterben werden.

Jetzt teilt Nalebuff nach unserer Urformel $p(A) = N_A/N$ die Zahl aller Zomepirac-Opfer durch die Zahl aller Toten, um herauszufinden, mit welcher Wahrscheinlichkeit ein Toter ein Zomepirac-Opfer ist:

$$p(\text{Z-Opfer}) = \frac{0{,}95 \cdot X}{X + 400 \cdot (X \cdot 0{,}05/600)}$$

Wir bereiten den Bruch zum Kürzen vor:

$$\frac{0{,}95 \cdot X}{X \cdot (1 + 0{,}05 \cdot 2/3)}$$

Jetzt wird gekürzt:

$$= \frac{0{,}95}{1 + 0{,}05 \cdot 2/3}$$

$$= \frac{0{,}95}{1{,}03}$$

$$\approx 0{,}92$$

Die Frau ist also mit $p = 0{,}92$ ein Zomepirac-Opfer. Das ist erheblich mehr, als die meisten Leute raten.
Gegen Nalebuff möchte ich einwenden, daß in der zweiten Gruppe wohl mehr Leute als $400 \cdot (X \cdot 0{,}05/600)$ aus «anderen Gründen» sterben werden. Es gibt nämlich eine Zahl von Zomepirac-Opfern, die aus «anderen Gründen» gestorben wären, wenn sie kein Zomepirac genommen hätten. Die Zahl der aus «anderen Gründen» Gestorbenen muß deshalb erhöht werden, wodurch die hohe Wahrscheinlichkeit für Zomepirac dann etwas absinkt.
Und nun begeben wir uns wieder in die Ziegenshow.

Das Ziegenproblem: zweite Runde

Der Vier-Fälle-Einwand

Nicht drei, sondern vier Fall-Varianten habe die Ziegenshow, wandten viele Leser ein:

FALL EINS: Auto hinter Tür eins, Moderator öffnet Tür zwei
FALL ZWEI: Auto hinter Tür eins, Moderator öffnet Tür drei
FALL DREI: Auto hinter Tür zwei, Moderator öffnet Tür drei
FALL VIER: Auto hinter Tür drei, Moderator öffnet Tür zwei

...und «die Symmetrie weist schon auf die Gleichverteilung der Chancen hin», schwante es einem Leser (ihm zu Ehren sei gesagt, daß er sich später selbst korrigiert hat). Es sei, meinten viele, in zwei von diesen vier Fällen besser zu wechseln (nämlich in FALL DREI und FALL VIER), in den zwei anderen Fällen nicht – fifty-fifty!
Vorab wird etwas vereinbart. Wir werden im Laufe des Buches mehrere Fallgruppen durchflöhen; um uns das zu erleichtern, verwenden wir im folgenden eine spezielle Formelsprache, unsere

ZIEGEN-NOTATION:
A1 *heißt:* Auto hinter Tür eins
A2 *heißt:* Auto hinter Tür zwei
A3 *heißt:* Auto hinter Tür drei

M1 *heißt:* Moderator öffnet Tür eins
M2 *heißt:* Moderator öffnet Tür zwei
M3 *heißt:* Moderator öffnet Tür drei

Wir gehen, wenn nichts anderes vermerkt ist, davon aus, daß die Kandidatin Tür eins gewählt hat. Mathematiker fügen an dieser Stelle die Floskel an: «ohne Beschränkung der Allgemeinheit». Das ist keine süffisante Bemerkung über das allgemeine Publikum, sondern bedeutet, daß es gleichgültig ist, wie die Türen heißen, entscheidend ist nur, daß die Zahlen 1,2,3 verschiedene Türen bezeichnen.

Unsere vier Fälle sehen in der Ziegen-Notation so aus:

(1) A1, M2
(2) A1, M3
(3) A2, M3
(4) A3, M2

Zugegeben, es sind vier Fälle (es ist immer gut, etwas Offensichtliches zuzugeben). Sind sie gleich wahrscheinlich? Wir zeichnen die Pfade ihres Zustandekommens nach und notieren ihre Wahrscheinlichkeiten:

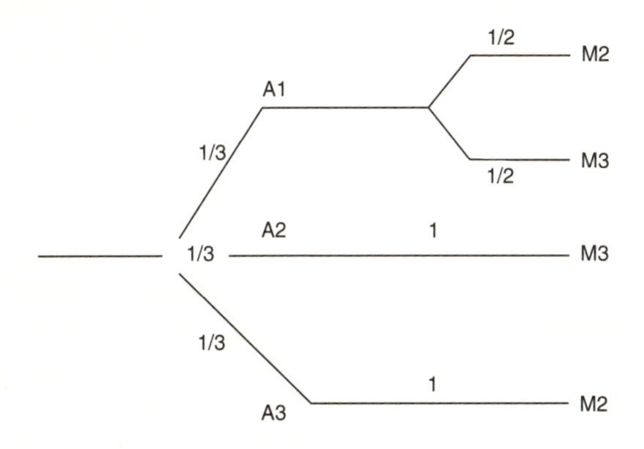

Die Symmetrie ist verschwunden. Statt dessen können die Wahrscheinlichkeiten der vier Fälle entlang der Wege dieses Diagramms so berechnet werden:

$p(1) = \frac{1}{3} \cdot \frac{1}{2} = \frac{1}{6}$
$p(2) = \frac{1}{3} \cdot \frac{1}{2} = \frac{1}{6}$
$p(3) = \frac{1}{3}$
$p(4) = \frac{1}{3}$

Öffnet der Moderator Tür drei, und die Ziege, ganz verwirrt ob des ständigen Türenschlagens, springt mit lautem Meckern auf die Kandidatin los, dann haben wir entweder den Fall

(2) A1, M3
oder den Fall
(3) A2, M3

Nun ist der Autogewinn in Fall (3) doppelt so wahrscheinlich wie in Fall (2), also sollte die Kandidatin sich von dem aggressiven Biest befreien und Tür zwei wählen.
Wer die Existenz von vier Fällen gegen Frau Savant ins Feld führt, macht denselben Fehler wie die Vorgänger von Blaise Pascal. Es reicht nicht, sich vorzustellen, auf wie vielen Wegen ein Ereignis zustande kommen kann – wenn sie nicht gleich wahrscheinlich sind, müssen auch die *verschiedenen Wahrscheinlichkeiten* dieser Wege bedacht werden. Anstatt sich das Zustandekommen von «M3-Fällen» nur geistig vorzustellen, muß man auch in Wahrscheinlichkeiten denken. Doch das Durchspielen, die geistige Inszenierung, das angestrengte gedankliche Simulieren, scheint das Denken in Wahrscheinlichkeiten zu blockieren.

Verwandte des Ziegenproblems

Just dies ist aber der Reiz des Ziegenproblems und seiner Vorgänger, etwa des «Problems der drei Gefangenen»:
Drei Verurteilte schmachten in der Todeszelle. Die Hinrichtung ist auf den nächsten Tag zur Mittagszeit angesetzt. Am Morgen des schwarzen Tages flüstert ihnen ein Wärter zu: «Der Gouverneur hat einen von euch begnadigt! Ich darf aber nicht verraten, wer es ist – es könnte mich den Kopf kosten.» Der Gefangene A gibt sich damit nicht zufrieden. Er läßt sich zum Anstaltspfarrer führen. Auf dem Weg zum Seelsorger steckt er dem Wärter ein Goldstück zu und bittet ihn: «Gib wenigstens einen Hinweis!» Der windet sich weiter: «Ich darf dir nicht sagen, wie es um dich steht.» A läßt nicht locker, es brauche ja nur ein indirekter Hinweis zu sein. Der Wärter wird schließlich mürbe: «Na gut, wer begnadigt ist, darf ich dir nicht sagen, aber eins kann ich wohl verraten: B muß sterben!» A denkt: «Erst lagen meine Chancen bei ⅓, jetzt sind sie immerhin auf ½ gestiegen.» Ist er zu Recht erleichtert?
A hatte *vor dem indirekten Hinweis* des Wärters vier Möglichkeiten:

(1) A begnadigt, B genannt, $p(1) = \frac{1}{3} \cdot \frac{1}{2} = \frac{1}{6}$
(2) A begnadigt, C genannt, $p(2) = \frac{1}{3} \cdot \frac{1}{2} = \frac{1}{6}$
(3) B begnadigt, C genannt, $p(3) = \frac{1}{3}$
(4) C begnadigt, B genannt, $p(4) = \frac{1}{3}$

Zwei Fälle sind also möglich, in denen der Wärter B als sicheren Todeskandidaten nennt, nämlich (1) und (4). Fall (4) ist doppelt so wahrscheinlich wie Fall (1). Die Chancen unseres Helden stehen nicht besser als vorher.

Noch eine Verwandte des Ziegenproblems, die Abwandlung eines Rätsels, das der französische Mathematiker Joseph Bertrand schon im Jahre 1889 veröffentlicht hat:

Drei Karten sind im Spiel: eine ist beidseitig weiß, die andere beidseitig rot, und die dritte Karte hat eine rote und eine weiße Seite. Die Karten liegen verhüllt unter einem Tuch (und Sie haben keine Röntgenaugen oder etwas Ähnliches). Jetzt dürfen Sie, allerdings ohne unter das Tuch zu linsen, eine der Karten hervorholen und sie auf den Tisch legen. Sie sehen eine weiße Kartenseite. Wollen Sie darauf wetten, daß die andere Seite der Karte ebenfalls weiß ist?

Sie wird weiß oder rot sein, eine Fifty-fifty-Chance läge nahe. Doch Sie ahnen schon, daß da wieder so ein Wahrscheinlichkeitstrick vorliegt, und lehnen die Wette ab.

Sehen wir uns die möglichen Fälle an, in denen eine Karte mit sichtbar weißer Fläche auf dem Tisch liegt; die zwei Seiten der auf dem Tisch liegenden Karte sind als «Seite 1» und «Seite 2» bezeichnet:

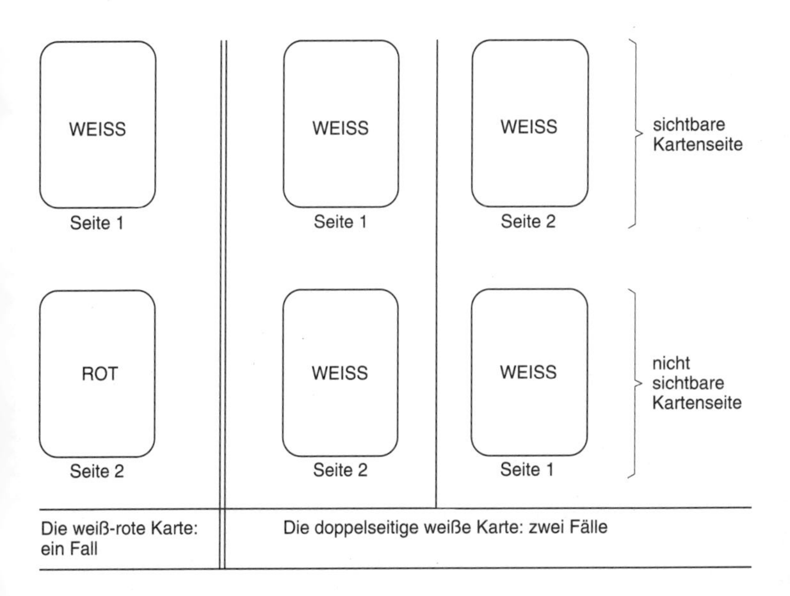

In zwei von drei Fällen ist auch die Rückseite weiß! Sie hätten ruhig wetten sollen, Ihre Chancen standen sogar besser als fifty-fifty. Intuition ist eine schlechte Ratgeberin beim Denken in Wahrscheinlichkeiten.

Mein Irrtum

Dr. Bijan Sabzevari vom Institut für theoretische Physik der Universität Düsseldorf hat sich eine weitere Variante ausgedacht, die blutrünstig, aber lehrreich ist. Wenigstens für mich, denn sie hatte mich völlig in die Irre geführt. Falls Sie kein Interesse an meiner Dummheit haben, lesen Sie bitte auf Seite (56) weiter.

Die drei schiffbrüchigen Seeleute A, B und C treiben wochenlang in einem Rettungsboot auf hoher See. Der Proviant ist seit Tagen erschöpft und immer noch kein Land in Sicht. Sie wollen auslosen, wer von ihnen sich als Speise für die anderen opfern muß. A steckt drei Streichhölzer in die rechte Faust, ein kurzes und zwei lange – wer den kürzeren zieht, hat Pech gehabt. C entscheidet sich in Gedanken für Streichholz eins, doch zuerst darf B ziehen. B zieht Nummer drei und atmet auf, es ist lang. Sollte C seine Wahl überdenken?

Nachdem ich die Variante von Dr. Sabzevari gelesen hatte, bildete ich erstmal die Fälle, in denen C nun vor der Frage stehen könnte, ob er wechseln soll:

(1) Streichholz 1 ist kurz, B wählt 2
(2) Streichholz 1 ist kurz, B wählt 3
(3) Streichholz 2 ist kurz, B wählt 3
(4) Streichholz 3 ist kurz, B wählt 2

Sodann zeichnete ich dieses Diagramm (K1 heißt «Streichholz eins ist kurz» usw.):

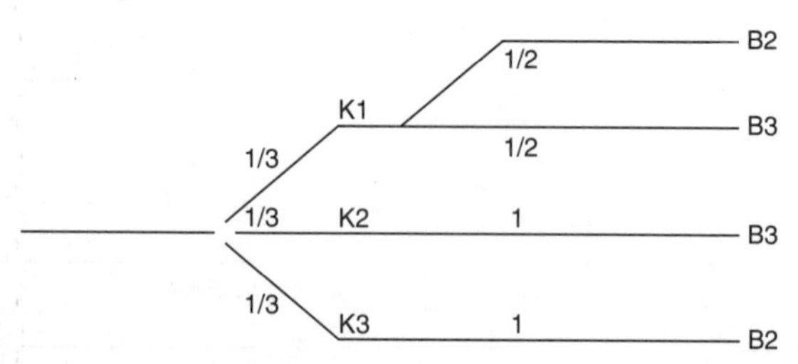

Aus dem Diagramm, dessen Struktur uns schon bekannt ist, folgerte ich: Wenn B das Streichholz drei zieht und es lang ist, dann gilt entweder Fall (2) oder Fall (3), und da Fall (3) wahrscheinlicher ist, sollte C bei seiner ersten Wahl bleiben. Vom Ziegenproblem scheint sich dieser Fall nur dadurch zu unterscheiden, daß es eine Niete und zwei Gewinne gibt, weshalb vom Wechsel abgeraten wird.
Ich war Dr. Sabzevari sehr dankbar für diese Variante, denn sie schien mir etwas Verblüffendes zu zeigen: Daß nämlich der Sortierungsvorgang, hier das erste Streichholzziehen durch B, offenbar rein zufällig vonstatten gehen konnte. Der Moderator des Ziegenspiels könnte demnach durch Würfeln entscheiden, welche Tür er öffnet. Wäre es eine Autotür oder die von der Kandidatin zuerst gewählte Tür (was dasselbe sein kann), so wäre das Spiel halt vorbei – doch öffnete das Schicksal eine nichtgewählte Ziegentür, sollte die Kandidatin lieber wechseln. Das gleiche gilt nach dieser Überlegung auch, wenn die Ziegentür rein zufällig von selbst aufspringt. Ob die Ziege plötzlich meckert, ein auf die Bühne springender Tierschützer sie befreit, ein ziegensammelnder Außerirdischer sie entführt – völlig schnuppe, entscheidend wäre, daß auf irgendeine Weise die Niete aus dem Spiel geflogen ist.
Trotzdem...
Etwas war sehr, sehr seltsam: Wenn sich der Schiffbrüchige C zuvor für das *zweite* Streichholz entschieden hätte (nur in Gedanken!) – dann wäre nun Streichholz eins die schlechtere Wahl gewesen, nämlich:

(1) K1, B3; $p(1) = 1/3$
(2) K2, B1; $p(2) = 1/3 \cdot 1/2 = 1/6$
(3) K2, B3; $p(3) = 1/3 \cdot 1/2 = 1/6$
(4) K3, B1; $p(4) = 1/3$

Wirklich berunruhigend – jetzt wäre also Fall (1) wahrscheinlicher als Fall (3). Und das bloß, weil C anders herum gedacht hat? Je nachdem, für welches Streichholz C sich *insgeheim* entscheidet, verteilen sich die Chancen zwischen Streichholz eins und zwei? Das hörte sich wirklich drollig und nach Psi an.
Es gab drei Möglichkeiten, darauf zu reagieren:

1. Psi ist bewiesen. 2. Es ist mathematisch eindeutig, auch wenn ich es mir nicht vorstellen kann. 3. Da ist etwas faul.

Ich gebe zu: Erst einmal hielt ich an meinem Ergebnis fest. Doch als ich noch einmal im zweiten Kapitel dieses Buches las, stieß ich auf die Multiplikationsregel und – o je.

Noch einmal, ganz von vorn, begab ich mich an das Problem: Wir suchen die Wahrscheinlichkeit, daß Streichholz eins kurz ist und B das dritte Streichholz zieht, also

$$p(\text{K1 und B3}) = p(\text{K1}) \cdot p(\text{B3})$$

B darf jedes x-beliebige Streichholz ziehen, auch das von C gewählte und natürlich auch das kurze, und deshalb gilt

$$p(\text{K1 und B3}) = \tfrac{1}{3} \cdot \tfrac{1}{3}$$

und für p(K2 und B3) gilt dasselbe – also *doch* fifty-fifty! *Das schöne Diagramm war ganz einfach Quatsch, denn die Wahl von B war nie eingeschränkt gewesen*, weder durch die Verteilung der Streichhölzer noch durch die stumme Wahl von C. Und weil die Wahl nie eingeschränkt war, hatte jeder Ausgang des grausligen Spiels die gleiche Wahrscheinlichkeit. Einige Fälle waren ausgeschieden, übriggebliebeben nur noch die Fälle (K1, B3) und (K2, B3), und da sie gleich wahrscheinlich waren, galt

$$p(\text{K1}) = p(\text{K2}) = \tfrac{1}{2}$$

Wie peinlich. Eine andere Überlegung hätte mir das auch zeigen können: Was wäre, wenn es einen Beobachter gäbe, der sich genauso insgeheim wie C für ein Streichholz entscheidet, nämlich für Streichholz Nummer zwei? Oder wenn C sich einfach vorstellt, er habe nicht das erste, sondern das zweite Streichholz gewählt?

Beim Ziegenproblem half uns in diesen Fällen das Argument, daß die Wahl des Beobachters die Aktion des Moderators nicht einschränkt, im Gegensatz zur Wahl der Kandidatin. Aber hier? Die von C getroffene Wahl beschränkt doch B auch nicht.

Das Schicksal schlägt im Schiffbrüchigen-Problem blindlings zu. Beim Ziegenproblem ist der Moderator durch zwei Regeln gebunden: Er darf keine Autotür und nicht die von der Kandidatin gewählte Tür öffnen.

Sind eigentlich *beide Beschränkungen* vonnöten?

Welche Türen dürfen geöffnet werden?

Das folgende Diagramm (verfaßt nach der Ziegen-Notation von S. 48) zeigt die Wahrscheinlichkeiten für den Fall, daß der Moderator jede beliebige Tür öffnen darf:

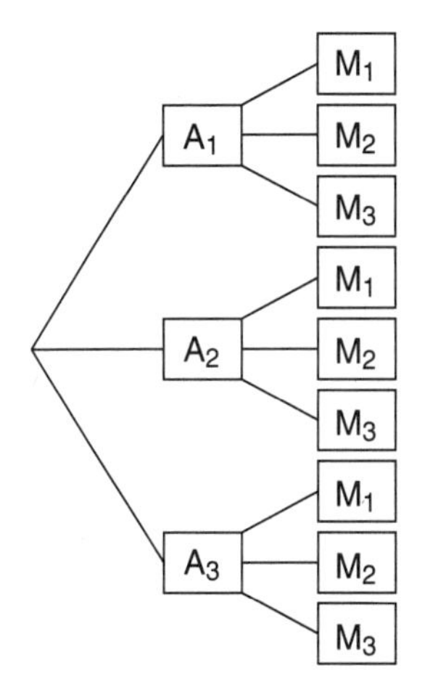

Nun das Diagramm für den Fall, daß der Moderator jede Tür außer einer Autotür öffnen darf:

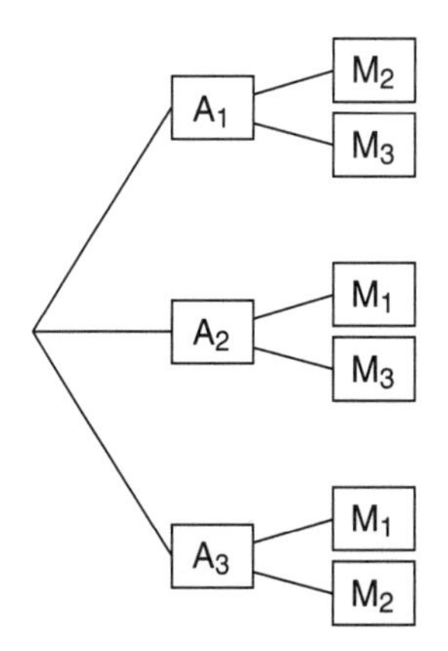

Es folgt das Diagramm für den Fall, daß der Moderator jede Tür außer der erstgewählten Tür eins öffnen darf:

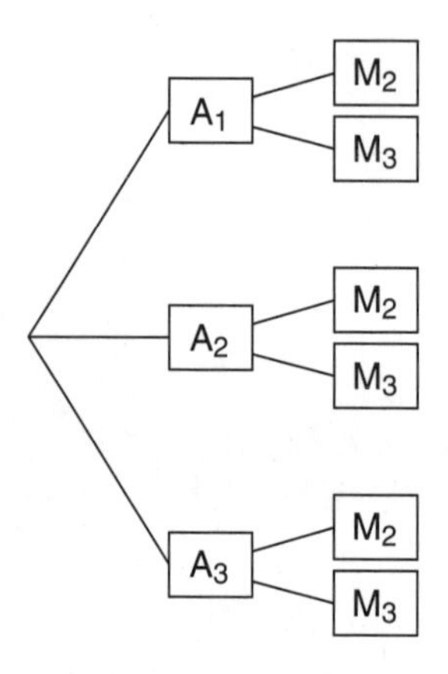

Schließlich das Diagramm für den Fall, daß der Moderator weder eine Autotür noch die erstgewählte Tür eins öffnen darf:

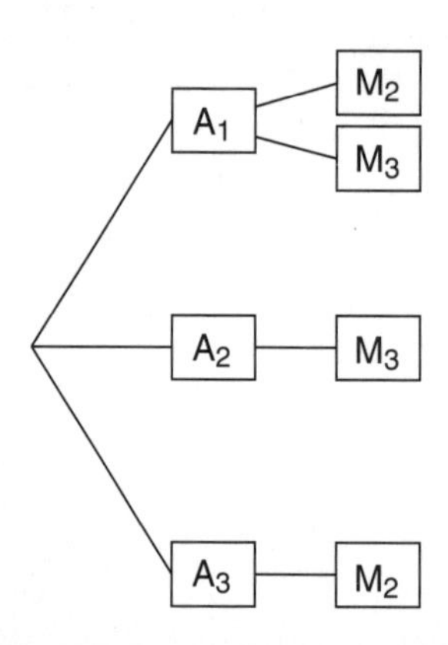

Endlich *nicht* mehr symmetrisch – unser gutes altes Diagramm von Seite 49.
Die Savant'sche Lösung ist also nur richtig, wenn der Moderator weder die Autotür noch die erstgewählte Tür aufmachen darf.

Ist das Ziegenproblem unlösbar?

Haben also doch jene Kritiker recht, die das Ziegenproblem «entfragt» haben, indem sie behaupten, es sei mangels Wissen über die impliziten Spielregeln unlösbar?
Es ist natürlich prinzipiell möglich, daß ein Moderator nur dann eine Tür öffnet, wenn die Kandidatin richtig getippt hat – und wenn die Kandidatin grundsätzlich wechselt, gibt's halt jedesmal eine Ziege. Genausogut könnte der Moderator nur dann eine Tür öffnen, wenn die Kandidatin falsch getippt hat; in diesem Fall gewinnt sie mit ihrer Wechselstrategie immer. Mit viel Phantasie können wir uns auch vorstellen, daß der Moderator rein zufällig Türen öffnet oder die eine Ziegentür vielleicht nur dann, wenn die Spielshow an einem 13. des Monats stattfindet, und die Autotür nur, wenn ihm vorher eine schwarze Katze von links nach rechts über den Weg gelaufen ist...
Mich erinnert diese Erörterung an meine Studienzeit. Wir angehenden Juristen hatten in unseren Klausuren Rechtsfälle zu lösen, zum Beispiel aus dem Straßenverkehrsrecht. Die Fallbeschreibungen blieben oft recht kurz, ähnlich der Beschreibung des Ziegenproblems. Nehmen wir einmal an, ich hätte meine Klausur mit den Sätzen begonnen:

«Leider ist der Fall unlösbar. Aus dem Text geht nicht hervor, ob Rechts- oder Linksverkehr vorgeschrieben war. Überdies kann nicht prinzipiell ausgeschlossen werden, daß sich der Unfall auf einem anderen Planeten zugetragen hat, auf dem folgende Vorfahrtsregeln gelten:
(1) Wenn ein Wagen von links kommt, ist dessen Fahrer schriftlich zu befragen, ob...»

– so etwas hätten meine Professoren nicht mehr als falsche Antwort, sondern als die Verweigerung einer Antwort bewertet.
Überdies gibt das Ziegenproblem, wie ich es vorgestellt hatte, gar keinen Anlaß zum «Ent-fragen». Zur Erinnerung:

Sie nehmen an einer Spielshow im Fernsehen teil, bei der Sie eine von drei verschlossenen Türen auswählen sollen. Hinter einer Tür wartet der Preis, ein Auto, hinter den beiden anderen stehen Ziegen. Sie zeigen auf eine Tür, sagen wir Nummer eins. Sie bleibt vorerst geschlossen. Der Moderator weiß, hinter welcher Tür sich das Auto befindet; mit den Worten «Ich zeige Ihnen mal was» öffnet er eine andere Tür, zum Beispiel Nummer drei, und eine meckernde Ziege schaut ins Publikum. Er fragt: «Bleiben Sie bei Nummer eins, oder wählen Sie Nummer zwei?»

Wir haben:

- eine Spielshow
- den Hinweis auf das Wissen des Moderators
- seine Äußerung «Ich zeige Ihnen mal was».

Wir dürfen daher zwanglos annehmen, daß es sich nicht um einen dieser trivialen Fälle handelt, in denen eine Kandidatin von vornherein *immer* oder *nie* gewinnt. Gleichfalls dürfen wir annehmen, daß der Moderator ganz bewußt eine nichtgewählte Ziegentür öffnete. Wer allerdings die anderen Möglichkeiten nicht ausschließen mag, darf daran festhalten: Wechseln ist dann und nur dann besser, wenn der Moderator nur nichtgewählte Ziegentüren öffnen darf...

Dabei fällt mir ein Witz ein. Ein Soziologe, ein Physiker und ein Mathematiker fahren mit dem Zug nach Paris. Als sie die Grenze nach Frankreich überqueren, sehen sie zwei schwarze Schafe. «Oh», staunt der Soziologe, «in Frankreich sind die Schafe ja schwarz!» Der Physiker lächelt nachsichtig und korrigiert: «Na, sagen wir lieber: In Frankreich sind mindestens zwei Schafe schwarz.» Daraufhin der Mathematiker: «Genau genommen können Sie nur sagen, in Frankreich sind mindestens zwei Schafe auf jeweils mindestens einer Seite schwarz.»

Irren ist menschlich

Der Geist ist faul

Wir neigen dazu, den leichtesten Weg zu gehen, auch im Denken. Das ist keine schlechte Angewohnheit. Sie hat sich bewährt und gehört zur Tradition in den Wissenschaften. Dort heißt sie «Ockhams Rasiermesser» und besagt, daß von zwei gleichwertigen Hypothesen die einfachere zu bevorzugen ist. Der Scholastiker William of Ockham (kurz vor 1300–1349 oder 1350) war nicht der erste, der dieses Prinzip formulierte, aber er wandte es häufig an. Die einfachste Antwort beispielsweise auf die Frage, wo sich die Ideen des Schöpfers befänden, war nach Ansicht Ockhams, daß die Geschöpfe dessen Ideen seien.
Kein naheliegender Gedanke? Damals schon. Er hielt sich immerhin mehrere Jahrhunderte frisch, bis ihn G. W. F. Hegel (1770–1831) zu einem grandiosen System verbuk, das sämtliche Realität als Äußerung «des objektiven Geistes» verstand.
Heute halten viele Menschen derlei Hypothesen für allzu gewagt und setzen auf sie ebenfalls Ockhams Rasiermesser an.
Die rationale Rasur ist ein probates Mittel gegen allerlei Abseitigkeiten. Die zwangloseste Hypothese über den Ursprung der «Kornkreise» ist die, daß intelligente Wesen diese oft komplizierten Formen in britischen Getreidefeldern zustande gebracht haben. Die simpelste Hypothese über die Herkunft dieser Wesen lautet wiederum, daß es sich um Witzbolde handelt. Natürlich ist damit nicht *bewiesen*, daß jeder Kornkreis ein Schabernack ist – doch das ist immerhin die einzige Mutmaßung, die ohne Ufos, Feuergeister oder hypergeometrische Plasmawirbel auskommt.
Der Hang zu einfachen Lösungen, das Faulheitsprinzip, führt manchmal in die Irre. Einen Fall haben wir schon kennengelernt: Was ähnlich aussieht, kann trotzdem grundverschieden sein. Unser nächstes Beispiel kommt wieder von den beiden Psychologen Daniel Kahnemann und Amos Tversky. Innerhalb von fünf Sekunden sollten Versuchspersonen schätzen, was als Produkt von

$$1 \cdot 2 \cdot 3 \cdot 4 \cdot 5 \cdot 6 \cdot 7 \cdot 8$$

herauskommt. Eine andere Gruppe sollte in der gleichen Zeit

$$8 \cdot 7 \cdot 6 \cdot 5 \cdot 4 \cdot 3 \cdot 2 \cdot 1$$

schätzen. Im Schnitt lagen die Antworten im ersten Fall bei 512, im zweiten Fall bei 2250. Die richtige Antwort wäre 40320 gewesen.
Das eigentlich Interessante hierbei ist nicht, daß beide Gruppen das Tempo unterschätzten, in dem mehrere Multiplikationen hintereinander ein Produkt hochschnellen lassen. *Bemerkenswert ist der Unterschied zwischen den beiden Schätzungen.* Kahnemann und Tversky vermuten, daß die Versuchspersonen in beiden Gruppen – bewußt oder unbewußt – von links zu rechnen begonnen hatten und auf Basis der ersten Rechenergebnisse den Rest schätzten: Wer etwa mit $1 \cdot 2 \cdot 3 \cdot 4$ anfing, bekam ein Zwischenresultat von 24 und bildete sich nach diesen ersten vier Schritten ein entsprechendes Wachstumsmodell für die Schätzung der letzten vier Schritte.
Schon mal ein bißchen loszurechnen scheint einfacher, als die Eigenart des Problems zu untersuchen und infolgedessen mit den größten Zahlen anzufangen. Und selbst dann schleicht sich noch ein Irrtum ein, wie das Ergebnis der zweiten Gruppe zeigt.

Denken in Ähnlichkeiten

In Wahrscheinlichkeiten zu denken erscheint schwieriger, wir wählen den leichteren Weg – und denken in Ähnlichkeiten.
Wieso bin ich auf das Beispiel von Dr. Sabzevari (Seite 51f) hereingefallen? Weil es dem Ziegenproblem ähnlich war. Nichts ist verführerischer und täuschender als Ähnlichkeit.
Weshalb glauben viele Leute, das Ziegenproblem sei mit «fifty-fifty» richtig gelöst? Weil die Situation der Kandidatin letztlich so aussieht, als habe sie einfach nur zwischen zwei Türen zu wählen. *Was vorher geschehen ist, das verblaßt vor dem starken Eindruck, den die entscheidende Wahlsituation in unserer Vorstellung hinterläßt.*
«Neues Spiel, neues Glück!» schrieben mir nicht wenige Leser triumphierend. Und genau das ist der Fehler: Wir sehen eine scheinbar bekannte Situation und blenden ihre besondere Geschichte aus, erst recht, wenn die Situation überschaubarer als die vorhergehende ist.

Weil wir auf derlei Ähnlichkeiten so sehr anspringen, denken wir ahistorisch. In folgender Kritik an der (richtigen) Wechsel-Lösung des Ziegenproblems kommt die ahistorische Denkweise hübsch zum Ausdruck:
«Marilyns Irrtum ist einer der wohl verbreitetsten, wenn es um Probleme der Wahrscheinlichkeit geht: nämlich die Annahme, daß eliminierte Möglichkeiten noch immer die Wahrscheinlichkeiten der fortbestehenden Möglichkeiten beeinflussen.» Hier irrte das *Mensa Bulletin*, das Vereinsorgan der «Mensa»-Vereinigung, die nur Menschen mit einem Intelligenzquotienten der oberen zwei Prozent in ihre Reihen aufnimmt.
Daniel Kahnemann und Amos Tversky legten ihren Versuchsteilnehmern kurze Beschreibungen von Personen vor. Diese Personen, so informierten die Forscher ihre Probanden, seien willkürlich aus einer Gruppe von hundert Berufstätigen ausgewählt worden, es handele sich um Rechtsanwälte und Ingenieure. Nun sollte geraten werden, mit welcher Wahrscheinlichkeit die jeweils beschriebene Person Rechtsanwalt sei. Einem Teil der Versuchspersonen sagten die Forscher, die Gruppe der hundert Berufstätigen setze sich aus 70 Ingenieuren und 30 Anwälten zusammen, den anderen wurde gesagt, es handele sich um 30 Ingenieure und 70 Anwälte. *Dennoch rieten fast alle Teilnehmer dieselben Wahrscheinlichkeiten*, auch bei Personenbeschreibungen, die vage waren und nur schwache Schlüsse auf den Beruf zuließen. Indessen bestand im ersten Fall eine Anfangswahrscheinlichkeit von 3/10 und im zweiten Fall von 7/10, was sich auf die Schätzung hätte auswirken müssen. *Die Ähnlichkeit schlug die Wahrscheinlichkeit k. o.*

Die Verfügbarkeitsfalle: Tanzstunden und Ehestreit

Wer an einer Unfallstelle vorbeifährt, verhält sich danach für kurze Zeit etwas vorsichtiger im Straßenverkehr – die Unfallszene bleibt plastisch im Gedächtnis, wie ein alltägliches wohlvertrautes Ereignis.
Was wir uns leichter vorstellen können, wirkt lebendiger, wirklichkeitsnäher und näher – und deshalb auch wahrscheinlicher.
Ganz so schlecht ist diese unbewußte Regel nicht, denn das, was häu-

fig geschieht, prägt sich nun einmal besser ein. Derartige Regeln werden Heuristiken genannt; ihre Ergebnisse sind nicht mit Sicherheit richtig, doch die Fehlerrate wird dadurch wettgemacht, daß eine Heuristik ohne viel Aufwand befolgt werden kann. Heuristiken sind Daumenregeln, nützliche Routinen.

Wir haben hier eine «unbewußte Daumenregel» betrachtet, die bei Kahnemann und Tversky die «Verfügbarkeitsheuristik» heißt: «Eine Person wendet die Verfügbarkeitsheuristik an», schreiben die beiden, «wenn sie die Häufigkeit oder Wahrscheinlichkeit danach ermittelt, wie leicht ihr Beispiele oder Assoziationen in den Sinn kommen.» Schon in einem früheren Kapitel (Seite 25ff) lernten wir Beispiele für diese Verfügbarkeitsfalle kennen: Szenarien. Je leichter sich ein Szenario vorstellen läßt, desto wahrscheinlicher mutet uns sein Eintreten an.

Das klappt besonders dann gut, wenn das Szenario Gefühle wachruft, allen voran Ängste. Eine «Asylantenwelle» etwa, deren bloße Vorstellung manche Mitmenschen erzittern läßt, oder verrücktes Wetter, an dem ein Treibhauseffekt schuld sein könnte.

Mit englisch sprechenden Versuchspersonen unternahmen Kahnemann und Tversky einen eindrucksvollen Test: Angenommen, wir wählen nach dem Zufallsprinzip ein Wort mit mindestens drei Buchstaben aus einem englischen Text – ist es wahrscheinlicher, daß es mit einem r beginnt oder ein r an dritter Stelle aufweist? Es ist offenbar leichter, sich an Worte zu erinnern, die mit «r» beginnen – die Teilnehmer nämlich vermuteten, es stehe eher an erster Stelle. Zu Unrecht, denn im Englischen steht «r» häufiger an dritter Stelle.

Besonders lebhaft lassen sich Geschehnisse geistig nachvollziehen, bei denen jemand handelt. Vielleicht deshalb, weil wir uns selbst sogleich an dessen Stelle denken? Die Psychologin L. Z. McArthur präsentierte Versuchsteilnehmern den Satz «Beim Tanzen tritt Ralf auf Joans Füße», getrennte Gruppen erhielten danach verschiedene Zusatzinformationen

- «Ralf tritt Joan fast immer auf die Füße.»
- «Ralf tritt Joan fast nie auf die Füße.»
- «Ralf tritt fast immer den Mädchen auf die Füße.»
- «Ralf tritt fast nie den Mädchen auf die Füße.»
- «Fast jeder tritt auf Joans Füße.»
- «Sonst tritt fast niemand auf Joans Füße.»

Alsdann stellte Frau McArthur die Frage, wer denn nun schuld an dem schmerzhaften Vorkommnis sei – Ralf, Joan oder «die Umstände»? Seltsamerweise hingen die Antworten nur von den Aussagen über Ralf ab. Daß fast jedermann oder fast niemand auf Joans Füße trete, schien für die Antwortenden von keinerlei Bedeutung zu sein.

Solange es einen Handelnden gibt, versetzen wir uns erstmal in dessen Lage. Und da wir wissen, daß Handeln etwas bewirkt, schalten wir weiter: *Wer handelt, setzt die Ursache.* Noch ein Irrtum kann hinzukommen: unser Optimismus für uns selbst. «Mir passiert so etwas nicht», glauben wir (weshalb sich fast jeder eine höhere als die durchschnittliche Lebenserwartung attestiert).

Vielleicht neigen auch deshalb Unfallzeugen dazu, wenigstens einem der Beteiligten (oft dem einzigen Opfer) die Schuld zu geben. «Wer handelt, setzt die Ursache» plus «Mir wäre das nicht passiert» führen zu «Dieser Mensch ist schuld». Psychologen nennen das den «Walster-Effekt» (nach ihrem Kollegen E. Walster) und sind der Ansicht, daß sich darin der Wunsch des Zeugen ausdrückt, von der miterlebten Unfallsituation Abstand zu gewinnen.

Besonders farbig ausmalen können wir uns das eigene Handeln – natürlich, (zumal dann, wenn es schön, unangenehm oder in anderer Weise emotional geladen war). Wenn Ehepaare, die von sich behaupten, die Hausarbeit zu teilen, einzeln befragt werden, stellt sich meistens heraus, daß jeder von ihnen glaubt, den Müll öfter hinauszutragen. Je lebhafter die Vorstellung, desto häufiger das Ereignis, macht uns die Intuition weis – und führt uns an der Nase herum.

In diesen Fällen machen wir unbewußt den Fehler, die Aussage «Aus A folgt B» einfach umzukehren: «Aus B folgt A». Und diese logisch unzulässige Operation kann zu falschen Schlüssen führen. Wenn es regnet, wird die Straße naß, doch eine nasse Straße ist nur ein *Indiz* für Regen. Häufig vorkommende Ereignisse vertiefen sich in unserer Vorstellung zu besonders plastischen Eindrücken – doch sind *in der Vorstellung* sehr lebendige Ereignisse deshalb noch keineswegs häufig in der Realität. Lebhafte Erinnerung ist nur ein *Indiz* für die Häufigkeit eines Ereignisses.

Simulationsirrtümer: Leckermäuler, Machos, Vorurteile

Stellen Sie sich vor, Sie hätten ein kleines Kind, das verrückt nach Schokokeksen ist. Üblicherweise kaufen Sie eine abgepackte Keks-Mischung, zu der außer Schokokeksen auch diverse Vollkorn-Ökokekse ohne Zucker gehören. Zu Hause kommt die Mischung in die Keksdose. Nach allgemeiner Erfahrung nimmt die Zahl der Schokokekse stets schneller ab als die Zahl der anderen Sorten. Deshalb weisen Sie Ihr Kind an, seine Kekse in Zukunft mit geschlossenen Augen herauszufischen (für die Schlauberger: Die Kekse fühlen sich natürlich alle gleich an, einfach deswegen, weil das Beispiel sonst nicht in diesem Buch auftauchen würde; außerdem spielt die Szene auf *diesem* Planeten, und das Kind ist *nicht* ein heimlich untergeschobener Außerirdischer, der durch Keksdosen blicken kann). Das Kind sagt artig «Ja, Papi» (respektive Mami) und verschwindet in der Küche, wo besagte Dose wartet. Sie folgen ihm in die Küche: Da sitzt es und schmatzt, Schokoladeflecken an Mund und Fingern, und behauptet fröhlich: «Ich hab's genau so gemacht, wie du's gesagt hast.»
Angenommen, in der Dose befanden sich ein Schokokeks und neunzehn Vollkornkekse. Nun geben Sie bitte dem Kind eine Bewertung auf der Glaubwürdigkeitsskala von 0 bis 10.
Neuer Fall: 10 Schokokekse und 190 Vollkornkekse. Hätten Sie hier die gleiche Glaubwürdigkeit attestiert?
Wenn ja, dann sind Sie eine Ausnahme (oder Sie haben etwas gemerkt). Stellt man nämlich zwei verschiedenen Versuchsgruppen jeweils eine der beiden Fragen, so kommt das Kind im $1/19$-Fall fast immer schlechter weg als im $10/190$-Fall, obwohl seine Chance auf einen Schoko-Zufallstreffer in beiden Fällen gleich groß ist.
Die Psychologen Dale Miller, W. Turnbull und Cathy McFarland haben diesen Test ersonnen. Ihre Theorie: Im $10/190$-Fall stellen wir uns vor, daß das Kind zehn Möglichkeiten hat, zufällig den begehrten Milchzahnzerstörer anstelle eines dieser großartig gesunden Vollkornkekse zu erwischen. Daher scheint das Herausfischen des Schokokekses hier ein (zehnmal!) normaleres Ereignis zu sein als im $1/19$-Fall (das Psychologen-Trio hat auch an kindererfahrene Probanden gedacht und geprüft, ob diese meinten, ein Kind sei stärker versucht, heimlich in die Dose zu äugen, wenn nur wenige Kekse drinliegen; das aber dachte niemand).

Es zeigt sich, daß zwei Ereignisse, genauer gesagt Mutmaßungen, von gleicher Wahrscheinlichkeit ganz unterschiedliche Verdachtsgefühle aufkommen lassen können. Wie viele Richter wissen das wohl?
Miller, Turnbull und McFarland befragten vierzig Studenten, die sie in der Cafeteria einer Universität aufgegabelt hatten:

«John S. ist Abteilungsleiter in einer Fabrik. Er ist auch für die Beförderungen in seiner Abteilung zuständig. In der letzten Zeit wurde er beschuldigt, Frauen zu benachteiligen. Gegenwärtig arbeiten ein Mann (zehn Männer) und neun Frauen (neunzig Frauen) in seiner Abteilung, für die eine Beförderung ansteht. Eine neue Stelle ist ausgeschrieben. John verteilt an alle Kandidatinnen und Kandidaten schriftliche Prüfungsaufgaben, deren Beantwortung ihm seine Entscheidung erleichtern soll. Er bewertet die Testbögen selbst und gibt an, ein Mann habe das beste Ergebnis erzielt; der Mann wird befördert.
Bitte geben Sie auf einer Skala von 1 bis 9 an, wie sehr Sie John verdächtigen, die Frauen bei seiner Bewertung benachteiligt zu haben.»

Das Resultat: Im 1/9-Fall schnitt John schlechter ab. Warum, mögen viele der Befragten gedacht haben, sollte es auch ausgerechnet der *eine* Mann sein, der qualifizierter ist als alle Mitbewerberinnen? Bei zehn Männern konnten sie es sich leichter vorstellen, obwohl dieses Ergebnis genau die gleiche Wahrscheinlichkeit wie im ersten Fall gehabt hätte.
Übrigens – haben Sie gemerkt, daß die Versuchsteilnehmer in die Vergangenheit statt in die Zukunft raten sollten? Auch dabei hilft die Wahrscheinlichkeitstheorie.
In einer dritten Studie von Miller, Turnbull und McFarland wurden Versuchspersonen mit den folgenden zwei Szenarien konfrontiert (die Alternative steht in Klammern):

«Sie sind ein Anthropologe, der einen südafrikanischen Stamm studieren will. Zwei andere Anthropologen, die bereits über diesen Stamm gearbeitet haben, äußern verschiedene Ansichten über die Friedlichkeit dieses Stammes gegenüber Fremden. Der erste Forscher sagt, wenigstens 20 (200) der 40 (400) Stammesmitglieder seien feindlich eingestellt, wohingegen der zweite Kollege behauptet, das träfe nur auf 2 (20) der 40 (400) Stammesmitglieder zu. Sie fahren

hin; das erste Mitglied dieses Stammes, auf das Sie treffen, verhält sich feindselig.
Bitte geben Sie anhand einer 9-Punkte-Skala an, wie sicher Sie sind, daß der erste Forscher besser geschätzt hat?»

Ich finde diese Falldarstellung ein wenig verwirrend. Für alle, die ähnlich begriffsstutzig sind wie ich, folgt der besseren Übersicht halber eine Tabelle (die vielen anderen Leser dürfen die Tabelle natürlich überspringen):

FALL EINS:	40 Stammesmitglieder	
	These Forscher A:	20 böse
	These Forscher B:	2 böse
FALL ZWEI:	400 Stammesmitglieder	
	These Forscher A:	200 böse
	These Forscher B:	20 böse

Ergebnis: Im Fall eins wurde dem ersten Forscher, also A, eine größere Schätzgenauigkeit attestiert als im Fall zwei. Mit anderen Worten: Daß unser Anthropologe bei einem Besuch des 40-Seelen-Stammes ausgerechnet auf einen der bösen Buben traf, schien den Befragten ein stärkerer Hinweis auf These A als die Begegnung mit einem feindseligen Menschen bei einer Population von 400. Das ist zwar Quatsch, reflektiert aber wiederum den Simulationsirrtum: Im Fall zwei dürfen wir uns mehr böse Leute vorstellen, nämlich auch bei der positiveren These B, und das reicht schon aus, gerechnet wird von da an sowieso nicht mehr. Von den anderen beiden Studien unterscheidet sich dieser Fall darin, daß nicht die Ehrlichkeit (des Kindes oder des Abteilungsleiters) eingeschätzt werden sollte, sondern die Genauigkeit einer wissenschaftlichen Aussage.
Können wir aus diesem Beispiel schließen, daß die Ausländerfeindlichkeit in großen Städten geringer ist als in kleinen, weil in großen Populationen ein ausländer*freund*liches Vorurteil wirken müßte? Vielleicht wirkt ein solcher Mechanismus; aber ich vermute, daß er von vielen anderen positiv und negativ überlagert wird (zum Beispiel Bildungsstand, soziale Spannungen, Kommunikationswege).
Professor Horst Walter, Fachmann für Mathematik-Unterricht, hat Schülern, Studenten und Akademikern folgende Aufgabe gestellt:

«In einer Urne befinden sich 50 Kugeln: 49 schwarze und eine weiße. Zwei Personen ziehen abwechselnd nacheinander ohne Zurücklegen eine Kugel. Wer zuerst die weiße Kugel zieht, hat gewonnen. Würden Sie lieber als erster oder als zweiter ziehen wollen?»

Die meisten Befragten möchten lieber zuerst ziehen – um dem Gegenspieler die Chance zu nehmen, als erster die Kugel zu schnappen. Sie stellen sich diesen Spielverlauf vor, anstatt ihre Chancen zu berechnen. Andere lassen dem Gegner den Vortritt, weil sie sich ausrechnen, daß der erste Spieler die größere Chance auf eine Niete hat.
Das hört sich beides gut an, beide Entscheidungen sind jedoch Kurzschlüsse. Der Spieler A gewinnt im ersten Zug oder, nachdem A und B eine Niete gezogen haben, im zweiten Zug oder, nachdem wieder beide eine Niete gezogen haben, im dritten Zug... Jeder Zug kann das Spiel beenden, doch wenn eine Niete gezogen wird, steigt die Chance des folgenden Zuges – denn dann ist eine Niete weniger im Spiel. Die Vorteile des Erst- und Zweitziehenden gleichen sich aus, ihre Chancen sind dieselben. Ist Ihnen aufgefallen, worin sich dieses Beispiel vom «Pistolenschützen-Fall» unterscheidet? In der Regel «ohne Zurücklegen».

Das Gesetz der kleinen Zahl: Müslistatistik und Babyfolge

In vielen dieser Testreihen und Studien mißachten die meisten Versuchspersonen die elementare Formel

$$p(A) = \frac{N_A}{N}$$

indem sie mehr auf N_A als auf N schauen. Ein anderer Fehler besteht darin, die Formel falsch zu interpretieren. Beim Münzwurf gilt

$$p(\text{Kopf}) = 1/2$$

und das bedeutet, wie wir bereits wissen: Je öfter wir werfen, desto mehr wird sich das Verhältnis der «Kopf»-Würfe zur Gesamtzahl der Würfe dem Wert ½ annähern. Dieses «Gesetz der großen Zahl» wird verletzt, wenn jemand annimmt, daß er bei zwei Würfen mit (großer) Sicherheit einmal «Kopf» und einmal «Zahl» wirft. Dies wiederum ist

das irrtümlicherweise angenommene «Gesetz der kleinen Zahl», wonach sich Eigenschaften eines Zufallsprozesses auch in kurzen Sequenzen widerspiegeln oder sich eine statistische Verteilung auch aus kleinen Stichproben ablesen läßt.
Das Gesetz der großen Zahl ist verbunden mit dem Namen Jakob Bernoulli (1654–1705), in dessen Schrift ‹*Ars conjectandi*› man es später dargelegt fand. In der Literatur tauchen mehrere Mathematiker namens Bernoulli auf (u. a. Jakobs Bruder Johann und dessen Sohn Daniel), was freilich auch daran liegt, daß Jakob, Jacob, James und Jacques Bernoulli ein und dieselbe Person sind. Ich zitiere den Wissenschaftshistoriker Stephen M. Stigler:

«Die Bernoullis sind mit Sicherheit die bekannteste Familie in der Geschichte der mathematischen Wissenschaften. Etwa zwölf Bernoullis haben zu verschiedenen Gebieten der Mathematik oder Physik Beiträge geleistet, und mindestens fünf von ihnen haben über Wahrscheinlichkeit geschrieben. Die Menge der Bernoullis ist so groß, daß es vielleicht bloßer Zufall unvermeidlich gemacht hat, daß ein Bernoulli als Vater der Berechnung des Unsicheren gilt. Die Person, um die es hier geht, ist Jacob (! – GvR) Bernoulli (1654–1705), Professor an der Universität Basel ab 1687, Zeitgenosse und zeitweiliger Rivale von Isaac Newton.»

In seiner ‹*Ars conjectandi*› schrieb also besagter Bernoulli, daß uns das Gesetz der großen Zahl als Methode des Schließens in Fleisch und Blut übergegangen sei:

«Denn selbst der Dümmste aller Menschen ist aufgrund eines Naturinstinkts, von selbst und ohne Belehrung (was eine bemerkenswerte Sache ist), davon überzeugt, daß die Gefahr, von seinem Ziel abzukommen, um so geringer ist, je mehr Beobachtungen gemacht wurden.»

Wer sicher über die Hauptverkehrsstraße kommen will, schaut zwei- oder dreimal hin. Wer Einstellungsgespräche führen muß, wird um so mehr Zeit für ein solches Gespräch veranschlagen, je wichtiger der zu besetzende Job ist. Wenn mir ein Texaner eine Wurst stibitzt, halte ich nicht alle ausländischen Mitbürger für Diebe. «Eine Schwalbe macht noch keinen Sommer» oder «Lieber siebenmal abmessen und einmal abschneiden» warnt der Volksmund vor Schlüssen auf zu unsicherer Basis. Und doch ...

«Iß dein Frühstück», mahnt die Mutter, «es ist die wichtigste Mahlzeit des Tages.» Noch gestern hatte sie es in ihrer Zeitschrift gelesen. Gibt es dafür Belege? Der amerikanische Journalist Alfie Kohn ist dem nachgegangen. Sein Ergebnis: Die meistzitierten Untersuchungen zu diesem Thema sind die «Iowa-Studien». Ende der vierziger und Anfang der fünfziger Jahre unternommen, stellten sie einen Zusammenhang her zwischen Frühstück und der Ausdauer, mit der jemand auf einem Heimtrainer radfahren kann. Abgesehen davon, daß die Experimente vom «Cereal Institute» bezahlt wurden (also vom Getreideflocken-Institut), nahmen an den Tests jeweils nur sechs bis acht Versuchspersonen teil.

Nach dem «Gesetz der *kleinen* Zahl» ist das ganz in Ordnung, es hätte sogar eine einzige Versuchsperson genügt (vielleicht der Präsident des Getreideflocken-Instituts?). Nach aller Bernoulli-Vernunft hingegen sind derartige Studien nichts wert, nicht einmal für Berufsradfahrer.

Kahnemann und Tversky legten ihren Testpersonen folgendes Problem vor:

«In einer Stadt gibt es zwei Krankenhäuser. Im größeren Krankenhaus werden täglich etwa 45 Babies geboren, im kleineren rund 15. Sie können davon ausgehen, daß ungefähr 50 Prozent aller Babies Jungen sind. Freilich variiert der genaue Prozentsatz von Tag zu Tag. Manchmal liegt er über, manchmal unter 50 Prozent. Ein Jahr lang notierte man in jedem der beiden Krankenhäuser die Tage, an denen mehr als 60 Prozent der Neugeborenen Jungen waren. Was meinen Sie, welches Krankenhaus notierte mehr solcher Tage?»

21 Befragte tippten auf das große, 21 auf das kleine Krankenhaus, 53 meinten, in beiden müßten etwa gleich viele Tage notiert worden sein. Mit anderen Worten: 74 von 95 Befragten hatten nicht erkannt, daß die Chance im kleinen Krankenhaus erheblich höher liegt – denn je umfangreicher eine Stichprobe, desto wahrscheinlicher ist es, daß ihre Struktur der der Gesamtverteilung entspricht.

Das «Gesetz der kleinen Zahl» gilt Kahnemann und Tversky als Beispielsfall der «Repräsentationsheuristik», die der «Verfügbarkeitsheuristik» verwandt ist. In ihren eigenen Worten:

«Nach dieser Heuristik ist ein Ereignis in dem Maße wahrscheinlich, wie es die wesentlichen Eigenschaften der Ereignismenge aufweist, aus der es stammt.»

Anders ausgedrückt: *Ähnlichkeit zählt mehr als Wahrscheinlichkeit.*
Ein weiteres Beispiel:
In einer Stadt wurden alle Familien mit sechs Kindern statistisch erfaßt. In 72 der überprüften Familien kamen die Jungen (J) und Mädchen (M) in folgender Reihenfolge zur Welt: M J M J J M.
Bitte schätzen Sie, in wie vielen Familien die Reihenfolge J M J J J J war.
75 von 92 Versuchspersonen hielten die zweite Reihenfolge für weniger wahrscheinlich – zu Unrecht. Es gibt keinen Grund zu der Annahme, daß die Verteilung innerhalb einer Familie der Gesamtverteilung entsprechen sollte.
Von Lotto- oder Roulette-Spielern hört man öfter, die Zwölf (oder eine andere Zahl) sei schon lange nicht dran gewesen, jetzt müsse sie einfach kommen. Schließlich hat jede Zahl die gleiche Chance, und wenn die Zwölf über tausendmal nicht gezogen wurde, sei folglich der statistische Ausgleich fällig. «Folglich?»
Her mit unserer Münze, dem Elementarmodell des Glücksspiels! Nachdem zum tausendsten Male in einer Folge «Kopf» geworfen wurde (und die sorgfältige Untersuchung der Münze zeigt, daß sie «fair» ist) – hat dann beim tausendundersten Wurf die «Zahl» bessere Chancen? Nur wenn die Münze ein Gedächtnis und eine Steuerung hätte. Gleiches gilt für die Lottotrommel und das Roulette: Sie erinnern sich an nichts.
Auch der berühmte «Spieler-Irrtum» beruht nach Ansicht von Kahnemann und Tversky letztlich auf der irrigen Annahme eines «Gesetzes der kleinen Zahl», nämlich daß jede Sequenz eines Zufallsprozesses die Gesamtverteilung widerspiegeln müsse – und wenn sie das nicht tut, dann wird ein Ausgleichsmechanismus erwartet, der bald in die andere Richtung wirke. Das «Gesetz der großen Zahl» hingegen verspricht nur, daß Stichproben der Gesamtverteilung um so besser entsprechen, je größer sie sind.

Rückkehr zum Mittelwert: Schöne Frauen, Fußballtrainer, Jetpiloten

Manchmal ist dennoch ein «Ausgleichsmechanismus» zu beobachten. Wenn ich in der U-Bahn eine umwerfend schöne Frau erblicke, rechne ich nicht damit, nach dem Umsteigen dasselbe Erlebnis zu ha-

ben – ausgleichende Gerechtigkeit. Je häufiger der Durchschnitt auch tatsächlich verkörpert ist, umrahmt von positiven und negativen Extremwerten, desto sicherer können wir davon ausgehen, daß nach dem Extrem ein weniger ungewöhnliches Ereignis stattfindet.
Wenn Fußballmannschaften mehrere Niederlagen hintereinander hinnehmen müssen, fällt den Vereinsbossen oft nichts Besseres ein, als den Trainer zu feuern. Das sieht immerhin nach einer Maßnahme aus. Um so erstaunlicher ist dann der Erfolg, den eben diese Trainer mit anderen Mannschaften verbuchen. Ich hege den Verdacht, daß auch hier eine zufällige Variation wirkt, daß sich die Spielerfolge um einen Durchschnitt gruppieren und daß nach ein paar Extremwerten meist wieder «normale» Werte zu erwarten sind.
Die «Rückkehr zum Mittelwert» kann auch mitspielen, wenn kranke Menschen meinen, sich morgens besser zu fühlen. Besser als wann? Auch das Wohlbefinden schwankt um einen Mittelwert. Geht es uns in der Nacht besonders schlecht, dann wachen wir auf oder können lange Zeit nicht einschlafen. Erwachen wir am nächsten Morgen, kommt uns schon eine durchschnittliche Verfassung wie eine Linderung vor.
Außer in simplen Fällen (die schöne Frau) kommt unsere Intuition mit der «Rückkehr zum Mittelwert» eher schlecht zurecht. Erfahrene Fluglehrer teilten Kahnemann und Tversky in Gesprächen über ihre Erfahrungen mit, daß ihre Schüler nach lobenden Worten für eine weiche Landung beim nächsten Mal meistens härter aufsetzten – harte Kritik nach miserablen Landungen hingegen schien die Leistung der Schüler schlagartig zu verbessern. Lob schadet, nur böse Worte nutzen, das war ihre Schlußfolgerung. Leider hatten sie nicht daran gedacht, die Leistungsschwankungen ihrer Schüler unabhängig von Lob und Tadel zu beobachten.
Dies allen Eltern schulpflichtiger Kinder ins Gedächtnis. Börsen-Analytiker dürfen auch darüber nachdenken.

Wie verbessere ich meine Lotto-Chance?

Es gibt 13983816 verschiedene Möglichkeiten, 6 Zahlen aus einer Menge von 49 Zahlen auszuwählen (eine Auskunft der Kombinatorik, der Kombinationsmathematik, die wir noch kennenlernen werden). Die Wahrscheinlichkeit einer Ziehung von sechs bestimmten

Zahlen beträgt daher $1/13.983.816$ = ca. 0,000000072. «Fünf Richtige mit Zusatzzahl» haben die Chance von 0,000000429. Wie gering diese Werte sind, zeigt ein Experiment, das wöchentlich im Fernsehstudio aufgebaut wird: die Ziehung A und die Ziehung B des Mittwochslottos. Vergleichen Sie die beiden einmal!
Wie groß der Geldsegen in jeder Gewinnklasse ist, hängt von der Zahl der Gewinner ab. Statistiker haben errechnet, wie viele Gewinner pro Ziehung zu erwarten wären, wenn die Zahlen auf den Lottoscheinen zufällig angekreuzt würden, zum Beispiel nach dem Orakel einer Lottomaschine. Wer diese Rechnung mit den tatsächlichen Gewinnquoten vergleicht, wird einige extreme Abweichungen feststellen. Denn die Zahlen werden beileibe nicht zufällig angekreuzt. Viele Lotto-Spieler weigern sich ganz einfach, in Wahrscheinlichkeiten zu denken (zugegeben, manche zu ihrem Glück).
Eine blumige Mythologie rankt sich um die «richtigen» Lottozahlen. Gewinner erzählen von ihren «Tricks»: Telefonnummern von Menschen gleichen Namens, die Zahl der Blüten im neuen Beet und natürlich allerlei Sternendeuterei (berufsmäßige Hellseher und Astrologen scheint allerdings das Lottopech zu verfolgen). Um herauszufinden, welche Zahlen bevorzugt werden, untersuchen Statistiker seit vielen Jahren die veröffentlichten Gewinnquoten. Hier einige ihrer Ergebnisse:

- Die 19 ist beliebt, wohl weil sie zu jedem Geburtsdatum gehört; weitere Favoriten sind die 4 und die 9; unbeliebt hingegen sind 16, 40 und 41
- Zahlen am Rand des Lottoscheins werden gemieden – vielleicht wird die Randlage für «abseitig» und zu «extrem» gehalten.
- Benachbarte Zahlen werden selten angekreuzt, wohl aber Kombinationen, die irgendwelche Muster ergeben.

Wer Lotto spielt und seine potentielle Gewinnquote verbessern will, sollte seinen Schein entgegen den Gewohnheiten seiner Mitspieler ankreuzen. Ein Taschenrechner, der «Zufallszahlen» produziert, mag dabei helfen. Doch Ihre Chancen auf sechs Richtige – die können Sie nie und nimmer beeinflussen.
Der amerikanische Ökonom Richard H. Thaler berichtet von einem Interview mit dem Gewinner der Weihnachtsziehung der spanischen National-Lotterie «El Gordo». Er wurde gefragt: «Wie haben Sie das gemacht? Woher wußten Sie, welches Los Sie kaufen mußten?» – Der Gewinner antwortete, daß er lange nach einem Verkäufer gesucht

habe, der das Los Nr. 48 anbot. «Warum Nr. 48?» wurde nachgefragt. «Na, ich habe sieben Nächte hintereinander von Nummer sieben geträumt, also habe ich sieben mal sieben gerechnet – achtundvierzig!»

Alles im Griff: Lottospieler, Kapitäne, NASA-Cracks

Die amerikanische Psychologin Ellen J. Langer hat den Begriff der «Kontrollillusion» geprägt. Menschen neigen zu der Illusion, sie kontrollierten noch den zufälligsten Vorgang. Würfelspieler werfen sanft und vorsichtig, wenn sie niedrige Augenzahlen brauchen, sie knallen den Becher auf den Tisch, wenn es Sechsen sein müssen. Wenn sie auf bestimmte Augenzahlen wetten sollen, wagen sie vor dem Wurf größere Risiken als danach (natürlich ohne daß der Becher gelüftet wurde). Ellen J. Langers Versuchspersonen verkauften Lose, die sie selbst gezogen hatten, zu einem höheren Preis als die Lose, auf deren Nummer sie keinen Einfluß hatten.

Der Psychologe Jerry M. Burger fand in Lotto- und Bingo-Experimenten heraus, daß die Kontrollillusion auf zwei verschiedenen Wegen entstehen kann. Einige seiner Versuchspersonen legten großen Wert darauf, über Lotto-Tips selbst zu entscheiden, zeigten sich wenig abergläubisch und bevorzugten im übrigen das Bingo-Spiel: Das waren diejenigen, die einem starken Bedürfnis nach persönlich ausgeübter Kontrolle über den Zufallsprozeß folgten (Typ eins). Die anderen liebten das Lotto, hatten nichts dagegen, daß ein elektronischer Prozeß ihnen die Lotto-Tips vorschrieb, und zeigten ausgeprägten Aberglauben: Sie trugen Talismane bei sich, setzten sich zum Beispiel beim Bingo auf «glückliche Plätze» oder trugen «glücksbringende Kleidung» (Typ zwei). Sie glaubten nicht, den Zufall persönlich kontrollieren zu können, sondern überantworteten ihr Schicksal einer höheren Macht, dem Glück, das sie wohlgesonnen stimmen wollten.

Die beiden Haltungen sind durchaus miteinander verwandt: Während Typ zwei an den Menschen primitiver Kulturen erinnert, entspricht Typ eins dem modernen Image des Menschen, der aus eigener Kraft die Unbill des Lebens meistert – selbst da, wo es nichts zu meistern gibt. Hauptsache, es wird überhaupt etwas getan.

Diese Maxime, die wir aus dem politischen Leben kennen, ist vielleicht einer der Gründe dafür, daß ausgerechnet Tanker mit modernster «Anti-Kollisionstechnik» häufig andere Schiffe rammen. Untersuchungsberichte über Schiffskollisionen führen immer wieder Fälle an, in denen zwei Schiffe auf unverändertem Kurs einander hätten passieren können, wenn nicht einer der Kapitäne oder gar alle beide plötzlich gemeint hätten, die Situation durch eigene Aktionen kontrollieren zu müssen. Die grandiose Technik mag ein Anreiz gewesen sein, in die Situation einzugreifen. Handeln ist mehr als Nichthandeln, das lehrt uns die Erfahrung, also handeln wir lieber.

Meistens sind wir davon überzeugt, klüger und geschickter zu handeln als andere. Die psychologische Literatur ist voll von Beispielen für diese Selbstüberschätzung. Die Mehrheit der Autofahrer meint, besser zu fahren als der Durchschnitt. Die meisten Verkehrsteilnehmer glauben, daß ihr persönliches Risiko, im Straßenverkehr zu sterben, unterdurchschnittlich sei. Schließlich gibt ihre bisherige Erfahrung ihnen recht!

Pessimistische Selbsteinschätzungen sind weniger verbreitet. Könnte es sein, daß Optimismus von Ängsten freihält, die unseren Geist vielleicht noch mehr trüben würden als eine Überdosis Selbstvertrauen? In den Savannen und Wäldern unserer Vorfahren mag der Optimismus ein Selektionsvorteil gewesen sein, in unsere heutige Welt paßt er nicht immer. Gewiß, wer eher fröhlich in die Welt schaut, wird auch selbst fröhlicher angeschaut, nimmt Rückschläge leichter hin und wagt sich unbeschwerter an komplizierte Aufgaben – hat also mehr Erfolg. Doch wenn Unbekümmertheit zum kollektiven Verhalten einer Zivilisation wird, die mit ihren technischen Mitteln allerhand anrichten kann, wird dieser Optimismus sehr gefährlich.

Die Illusion der Unfehlbarkeit ist ein besonderes Kennzeichen des «Gruppendenkens». Dieser in den siebziger Jahren von dem amerikanischen Psychologen Irving L. Janis geprägte Begriff charakterisiert eine kollektive Denkweise eng zusammengehörender Gruppenmitglieder, welche den Sinn für Realitäten schwächt. Besonders dann, wenn die Gruppe in Situationen mit ungewissem Ausgang gerät, kann das Gruppendenken eine falsche Gewißheit verschaffen, die das Denken in Wahrscheinlichkeiten blockiert.

Die Kommission zur Untersuchung des Challenger-Unglücks von 1986 förderte zutage, daß auf den letzten «Flight-Readiness-Meetings» just diese Unfehlbarkeitsillusion vorherrschte. Zu den Sitzungen trafen sich Leute, die bereits seit Jahren zusammenarbeiteten und

Großes geleistet hatten. Oft schon hatte die Öffentlichkeit die NASA kritisiert – doch ihre besten Leute schickten ein Superding nach dem anderen ins All, und jedesmal mit Erfolg. Die Verantwortlichen verließen sich auf ihre bisherigen Leistungen und schlugen alle Warnungen der Experten in den Wind.

Die Ingenieure, die sich gegen den Start aussprachen, gehörten nicht der NASA an. Einer von ihnen schildert den Stil der Diskussionen: «Wir sollten beweisen, daß es absolut keinen Zweifel daran geben könnte, daß der Start eine unsichere Sache sei. Damit wurde die in Flight-Readiness-Reviews übliche Regel auf den Kopf gestellt – normalerweise ist es nämlich genau andersherum.»

Die Top-Leute der NASA zeigten eine geradezu verbissene Entschlossenheit, den Start zu wagen. Ihr Optimismus, festgezurrt im Gruppendenken, blendete das Denken in Risiken aus. Bisher hatte alles geklappt, deswegen waren sie ja noch immer die Männer an der Spitze – also mußte es dieses Mal ebenfalls gelingen. Sie sahen die Zukunft als lineare Fortsetzung der Vergangenheit; das war angenehmer und einfacher, als sich dem Ungewissen zu stellen, und es kam eher zu dem gewünschten Ergebnis als das Denken in Wahrscheinlichkeiten.

Es kommt noch toller: Zeppeline

«Der Aufstieg des Luftschiffes erfolgte gestern abend erst um 8 Uhr. Vor demselben hielt Graf Zeppelin eine Ansprache und verrichtete ein Schutzgebet. Nachdem der Ballon kurze Zeit festgehalten wurde, stieg er rasch in die Höhe von drei- bis vierhundert Meter und führte verschiedene Schwankungen aus, so daß das Publikum über den großartigen Anblick in freudigste Stimmung versetzt wurde», berichtete die Extra-Ausgabe des Friedrichshafener *Seeblattes* vom 3. Juli 1900. Das «Luftschiff Zeppelin Eins» (LZ 1), geführt vom Erfinder, hatte seinen ersten Flug überstanden.

In den folgenden 38 Jahren wurden 118 weitere Zeppeline gebaut. LZ 2 ging bei seiner ersten und einzigen Fahrt im Jahre 1906 zu Bruch, LZ 4 verbrannte 1908 während eines Gewitters, LZ 5 strandete 1910 für immer, LZ 6 brannte im gleichen Jahr in der Halle ab, LZ 7 vollzog eine Bruchlandung im Teutoburger Wald, LZ 8 wurde 1911 beim Herausbringen aus der Halle gegen eine Wand gedrückt und zerknickt,

LZ 10 verbrannte 1912 auf dem Landeplatz, LZ 11 brach 1915 beim Einfahren in die Halle auseinander, LZ 14 wurde 1913 in einem Gewitter auf die Nordsee heruntergedrückt, LZ 15 im gleichen Jahr durch einen Sturm zerstört, LZ 18 explodierte in der Luft, LZ 19 blieb nach einer Notlandung unbrauchbar, LZ 30 trieb 1915 beim Herausfahren aus der Halle ab, ging nieder und fing Feuer. LZ 31 und LZ 36 verbrannten beim Auftanken, LZ 40 wurde in der Luft von einem Blitz getroffen und ging in Flammen auf, LZ 44 rammte an einem nebligen Tag des Jahres 1915 einen Berg, LZ 50 schlug 1917 hart auf den Boden und zerbarst, LZ 51 hatte dasselbe Schicksal schon 1915 ereilt, LZ 52 verbrannte 1916 beim Gastanken, LZ 53 verbrannte ebenfalls am Boden, LZ 56 verlor 1916 seine Gondeln und stürzte ab, LZ 60 wurde nach einer Landung vom Sturm fortgerissen und in die Nordsee abgetrieben, LZ 69 verbrannte beim Einfahren in die Halle, LZ 82 knallte 1917 auf die vereiste Weser, LZ 87 wurde bei einer Explosion in den Hallen von Ahlhorn vernichtet, LZ 88 zerkrachte 1917 beim Landen, LZ 94 und LZ 97 verbrannten ebenfalls in Ahlhorn, LZ 102 wurde 1917 durch Böen am Boden beschädigt und mußte abgewrackt werden, LZ 104 stürzte 1918 brennend darnieder, LZ 105 verbrannte am Boden, LZ 106 ging 1920 zu Bruch, LZ 114 wurde 1923 als vermißt gemeldet. Zweiunddreißig weitere Luftschiffe wurden im Ersten Weltkrieg abgeschossen oder zur Bruchlandung gezwungen.

Alles das sowie eine haarsträubende Serie von Beinahe-Unfällen ereignete sich vor der Katastrophe von Lakehurst (USA), der Explosion der «Hindenburg» am 6. Mai 1937. Die Luftschiffe waren allesamt mit Wasserstoff gefüllt. Zusammen mit Sauerstoff bildet er das brisante Knallgas, das durch einen einzigen Funken zu einer Explosion von ungeheurer Gewalt gezündet werden kann. Unfaßlich, daß die Luftschiff-Pioniere trotz des offenkundigen Risikos einen Gasflieger nach dem anderen bauten. Karl Kraus in der *Fackel*: «Den Weltuntergang aber datiere ich von der Eröffnung der Luftschiffahrt.»

Die Luftschiffer hatten nach den ersten Unfällen eigentlich Grund genug, ihre Konstruktion grundsätzlich zu überdenken. Anders als die NASA-Cracks blickten sie nicht auf eine Serie von Erfolgen, sondern auf eine Serie von Fehlschlägen zurück. Doch *die Mißerfolge stachelten ihren Ehrgeiz an*, verbissen hielten sie an der «Kontrollillusion» fest, sie wurden «aus Schaden dumm» (nach einem Bonmot von Karl Kraus).

Was man hat, das hat man: Wein, Schokoriegel, Erbschaften

Es gibt Leute, die haltbaren Wein einlagern, der sich von Jahr zu Jahr verbessert. Nach vielen Jahren können sie Weine trinken, die so wertvoll geworden sind, daß sie sie niemals kaufen würden.
Das klingt ganz vernünftig. Aber seltsam: Wenn sie niemals so teuren Wein kaufen würden – wieso trinken sie ihn dann, anstatt ihn zu verkaufen? Ist es ökonomisch nicht egal, ob ich meine Flasche 1947er Chateau Cheval Blanc für 1800 Mark leer trinke oder sie mir kaufe, um sie zu genießen? In beiden Fällen bin ich um DM 1800 ärmer und um ein unvergeßliches Erlebnis reicher.
Sie wollen heute abend in die öffentlich veranstaltete Ziegenshow gehen und haben Karten für sich und eine zweite Person besorgt, dafür mußten Sie zwanzig Mark hinblättern. Plötzlich stellen Sie fest: Die Karten sind weg! Zwar gibt es noch welche an der Theaterkasse um die Ecke zu kaufen – aber würden Sie es tun? Vielleicht. Und wenn Sie die Karte noch nicht gekauft, aber zwanzig Mark verloren haben? Den meisten Menschen fällt es in der zweiten Variante leichter, sich für den Show-Besuch zu entscheiden.
Woran liegt das? Ist es der Besitz eines konkreten Gegenstandes, der uns mehr gilt als der Besitz einer Summe Geldes? Trübt Besitzdenken unsere Einschätzung von Gewinn und Verlust – in dem Sinne, daß verlorene Karten als entgangener Show-Genuß gelten, verlorenes Geld aber nur als verlorenes Geld? Eine Gruppe von deutschen Ökonomen bietet folgende Erklärung an:

«... eine Entscheidung zu treffen ist nämlich ein Gut, dessen Bereitstellung zumindest Denkarbeit und Zeit kostet. Verliere ich die Karte, die für mich die abgeschlossene Entscheidung repräsentiert, muß ich die Entscheidung neu treffen; verliere ich dagegen die zwanzig Mark, so bleibt die Entscheidung nicht tangiert.»

Ist die Karte weg, bin ich eher angehalten, über den Show-Besuch nachzudenken, als nach Verlust des Zwanzigmarkscheins. Das könnte eine Erklärung sein. Unser Weinliebhaber muß sich nicht erst entscheiden, einen Wein für 1800 Mark zu kaufen, er hat ihn schon. Seine Anstrengung bestünde darin, über den Verkauf nachzudenken – und gemäß dem Faulheitsprinzip geht er Anstrengungen wenn möglich aus dem Wege.

Daniel Kahnemann erklärt sich dieses Verhalten anders. Zusammen mit seinem Kollegen George Loewenstein führte er kürzlich folgende Studie durch. Einer Versuchsgruppe wurden Kugelschreiber ausgehändigt, einer zweiten Gruppe Marken für ein nicht näher spezifiziertes Geschenk. Alsdann bekamen alle Teilnehmer eine Liste von Gegenständen, die als Prämien in angeblich noch folgenden Tests ausstehen sollten. Die Probanden sollten sich für eine Reihenfolge dieser Prämien ihrer Attraktivität nach entscheiden. Im Anschluß durften die Teilnehmer mit Geschenkmarke diese entweder gegen einen Kugelschreiber oder einen Schokoriegel eintauschen; und wer von vornherein einen Kugelschreiber bekommen hatte, durfte ihn gleichfalls gegen einen Schokoriegel eintauschen.

Dieses etwas alberne Hin und Her führte zu einem interessanten Resultat: Die Kugelschreiber-Gruppe blieb zu 56 Prozent bei ihrem Stift, doch nur 24 Prozent der Marken-Gruppe begehrte den Schreiber. Auf der Prämienliste hingegen hatten beide Gruppen den Kugelschreiber gleich bewertet. Die Schlußfolgerung der Forscher: Es sei nicht so, daß der Wert, den eine Sache für uns hat, durch unseren Besitz an ihr steige – doch was wir vermeiden wollen, ist das frustrierende Erlebnis, sie aufzugeben.

Diese Neigung wird «Status-quo-Vorurteil» genannt. «Vorurteil», weil es dem rationalen Urteil widerspricht (jedenfalls dann, wenn der Preis des Nachdenkens nicht zu hoch ist). Vielleicht sollten wir sagen: dem rationalen Urteil, das der heutigen Wirtschaftswelt angemessen ist. Ich möchte Ihnen dazu eine Theorie anbieten: In den Zeiten der Naturalwirtschaft genügte es, die eigenen Besitztümer zu zählen: zwei Ziegen, eine Hütte mit drei Türen und so weiter. Niemand mußte darüber nachdenken, wie weit entgangener Gewinn mit Verlust, vermiedener Verlust mit Gewinn verglichen werden kann. Das machte erst Sinn, nachdem die Menschen der Tauschgesellschaften damit begonnen hatten, ihre Waren einander gleichzusetzen. Ich könnte mir vorstellen, daß das Bestreben, seine Siebensachen beieinander zu halten, in den vielen Jahrtausenden zuvor vernünftiger war – schließlich ist auch Austausch eine riskante Handlung.

Den Status-quo-Effekt demonstrierten William Samuelson und Richard Zeckhauser in folgendem Experiment. Einer Versuchsgruppe wurde die Entscheidungsaufgabe gestellt:

«Sie sind ein aufmerksamer Leser der Wirtschaftsseiten, hatten bis vor kurzem aber nicht genug Vermögen, um zu investieren. Jetzt jedoch haben Sie eine große Summe von ihrem Großonkel geerbt. Für Ihr Portefeuille stehen zur Auswahl:

- Anteile an einer Firma mit wenig Geschäftsrisiko,
- Anteile an einer Firma mit hohem Geschäftsrisiko und hohem Gewinn,
- Schatzbriefe,
- Staatsanleihen.»

Die andere Gruppe erhielt die gleiche Aufgabe, hatte allerdings kein Geld, sondern Vermögen in Form einer dieser Anlagen geerbt (Steuern, Kursverluste und ähnliche Störfaktoren wurden auf Null gesetzt). Es kam, wie es kommen mußte: Die Aufteilung des ererbten Vermögens wurde mit Vorliebe beibehalten.

Wie sicher können wir sein, daß wirtschaftliche Entscheidungen nicht auch im «echten Leben» vom Status-quo-Effekt beeinflußt werden? Die Traumfigur der Wirtschaftswissenschaft, der strikt rational handelnde *homo oeconomicus*, um den herum sie ihre Modelle konstruiert, ist vielleicht nicht bloß eine idealisierte Annahme, sondern geradezu ein Zerrbild des wirtschaftlich handelnden Menschen.

Wenn Menschen wirtschaftliche Vorgänge bewerten sollen (nicht nur im Geschäftsleben, sondern auch im Privathaushalt oder vor politischen Wahlen), dann wirken gleichfalls Effekte, die mit einem rein ökonomischen Kalkül nicht übereinstimmen. Kahnemann fragte eine Testgruppe:

«Die Liefermenge eines beliebten Autos wird knapp, Kunden müssen zwei Monate auf den gekauften Wagen warten. Ein Autohändler, der bisher zum Listenpreis verkauft hatte, schlägt 200 Dollar auf den Preis. Ist das akzeptabel oder unfair?»

Das sei unfair, meinten 71 Prozent. Nur noch 42 Prozent waren dieser Ansicht in dem Fall, daß der Autohändler die Wagen bislang mit 200 Dollar unter dem Listenpreis gehandelt hatte und nun den Discount aufhob. Ein Preisaufschlag gilt also eher als unfair als die Aufhebung eines Preisnachlasses, denn der Aufpreis ist ein Verlust auf seiten des Käufers, die Aufhebung es Preisnachlasses «nur» ein entgangener Gewinn – auch wenn sie in DM oder Dollars ein und dasselbe sind.

Der Entscheidungsforscher Duncan Luce ist seit Jahren bemüht, mathematische Formeln für die unbewußten Prozesse zu finden, die dazu führen, daß wir Chancen und Risiken anders bewerten, als es die mathematische Rationalität will. Er fragt also nicht danach, wie wir rechnen sollen, sondern wie wir wirklich rechnen: «Die gegenwärtige Version dieser mehr beschreibenden Theorie», erklärt Luce, «geht dahin, daß die Menschen in unsicheren Situationen die möglichen Gewinne und Verluste getrennt voneinander berechnen und danach einen gewichteten Durchschnittswert aus beiden bilden.» Luces Beispiel: Eine Firmenleitung erwägt, ein neues Produkt zu entwickeln. Für den Fall, daß das Produkt vom Markt angenommen wird, winken hohe Gewinne. Dagegen können die Verluste hart sein, wenn das Produkt nicht gut ankommt. In der Realität, so Luce, werden beide Möglichkeiten und dann ihr Mittelwert berechnet, in den sie allerdings nicht gleichmäßig eingehen – die Verlust-Ansichten wiegen schwerer.

Ob das wirklich irrational ist, wäre wohl noch genauer zu untersuchen. Schließlich können allzu große Verluste die Existenz eines Unternehmens in Frage stellen – ein Effekt, der keinerlei positives Pendant auf der Gewinnseite hat. So etwas kennt unsere Spezies schon aus Urzeiten: Es gibt angenehme und unangenehme Arten, am Leben zu bleiben, doch der Tod ist immer endgültig.

Die kalifornischen Psychologen Felicia Pratto und Oliver P. John konnten in mehreren Versuchen zeigen, daß Wörter, die negative Eigenschaften wie «sadistisch» bezeichnen, unsere Aufmerksamkeit automatisch stärker beanspruchen als positive Eigenschaftswörter. Das Böse und die Gefahr gelten uns nicht einfach als negatives Gegenstück des Guten und der Chance, vielmehr reagieren wir auf sie mit besonderer Spannung, Wachsamkeit und Vorsicht.

Die Pistoleros kommen

Kahnemann und Tversky haben mit ihren Untersuchungen über das Denken in Wahrscheinlichkeiten viel Erfolg gehabt. Nun ist es im Wissenschaftsbetrieb stets so, daß die Erfolgreichen besonders hart attackiert werden. Wir kennen das aus Pistolero-Filmen: Ambitionierte Männer stehen geradezu Schlange, um den Schnellsten im Westen zu erledigen, wovon sie sich Ruhm und Geld versprechen. In der

Wissenschaft ist der Pistolero-Effekt überaus nützlich, denn er konzentriert die Kritik auf besonders leistungsfähige Hypothesen – und was diese nicht tötet, härtet sie nur.
Auch Kahnemann und Tversky werden von Pistoleros gejagt. Eine internationale Forschergruppe (deren Buch ‹*The Empire of Chance*› 1989 erschien) wirft ihnen vor, einem Modell des «richtigen Denkens» anzuhängen, das längst nicht mehr zeitgemäß sei. Könne man die Vorstellung, daß es stets nur *eine richtige* Schätzung gebe, solchen Wahrscheinlichkeitspionieren wie Pascal, Bernoulli und Laplace noch verzeihen, so müsse doch heute akzeptiert werden, daß es konkurrierende Theorien der Wahrscheinlichkeit und Statistik gibt. Überdies sei Wahrscheinlichkeitsrechnung in vielen Fällen nicht das einzige Werkzeug, zu einem sinnvollen Denkresultat zu gelangen.
Diese Kritik überzeugt mich nicht. Zumindest die Tests, die ich für dieses Buch ausgewählt habe, sind von verschiedenen Statistik-Theorien völlig unberührt. Die auf Seite 60 beschriebene Aufgabe

$$1 \cdot 2 \cdot 3 \cdot 4 \cdot 5 \cdot 6 \cdot 7 \cdot 8 = ?$$

ist immer und überall identisch mit

$$8 \cdot 7 \cdot 6 \cdot 5 \cdot 4 \cdot 3 \cdot 2 \cdot 1 = ?$$

Auch für die anderen hier zitierten Tests gibt es eindeutig richtige Lösungen.
Man könnte einwenden, die unbewußten Heuristiken, die Kahnemann und Tversky offenlegen, seien sehr wohl rational, denn sie minimieren unsere Denkanstrengungen gemäß dem Faulheitsprinzip. In Bertolt Brechts ‹*Geschichten vom Herrn Keuner*› heißt es: «Der Denkende benützt kein Licht zuviel, kein Stück Brot zuviel, keinen Gedanken zuviel». Das ist wohl richtig, doch wofür wir uns hier interessieren, sind die Situationen, in denen die oft so praktischen Denkroutinen zu erheblichen Irrtümern führen und deshalb nicht mehr rational sind.
Eine weitere Überlegung schließt sich an: Könnte es sein, daß sich Teilnehmer psychologischer Tests ganz automatisch weniger anstrengen als Leute, die vor echten Schwierigkeiten stehen? Vielleicht, doch zeigt allein der erbitterte Streit um das Ziegenproblem, daß unsere Denkgewohnheiten das Denken in Wahrscheinlichkeiten sogar dann durcheinanderbringen, wenn wir uns mit Energie und Verbissenheit auf ein Problem konzentrieren.

Schwerer wiegt ein weiterer Einwand: Die Tests sind steril, sind irreal in dem Sinne, daß sie Abstraktionen darstellen. Im normalen Alltag gehe es recht selten um Urnen und Bälle, der Roulette-Tisch sei gerade *keine* Metapher des Lebens. Meistens sei der Mensch nicht mit wenigen, sondern mit sehr vielen Informationen höchst verschiedenen Gewichts konfrontiert, unter denen er die aussagekräftigsten auswählen könne – mehr noch: Er könne Informationen nutzen, um sich weitere Informationen zu beschaffen, was in den Papier-Fällen am Psychologischen Institut der Universität zu Errortown gar nicht vorgesehen sei. Eine weitere Abstraktion sei die Zumutung, Unsicherheiten in einem numerischen Skalenwert («von 1 bis 9») auszudrükken – in Wirklichkeit zeige sich Unsicherheit zum Beispiel in einander abwechselnden oder widersprechenden Annahmen und anderen psychologischen Vorgängen.

Mit derlei Einwänden muß jede experimentelle Psychologie rechnen. Ihr Dilemma besteht allzeit darin, daß sie kontrollierbare Tests mit einem Verlust an Lebensnähe bezahlen muß. Gewiß, Tests zeigen lediglich, daß Menschen in Tests Fehler begehen. Doch das ist immerhin ein Fingerzeig, der uns auf die möglichen Tücken des Alltags aufmerksam macht. In diesem Buch erscheinen mehrfach Personen aus der Welt *außerhalb* der Psychologischen Institute: Unfallzeugen, Futurologen, NASA-Verantwortliche, Erziehungsberechtigte, Fußballtrainer, Weintrinker, Wissenschaftler, Politiker, Spieler. Ihr Verhalten erinnert durchaus an das der Versuchspersonen von Kahnemann und Tversky, auch dann, wenn es nicht um Denksport geht.

① ② ③

Das Ziegenproblem: dritte Runde

Es folgen weitere Varianten des Ziegenproblems, ersonnen von Lesern.
Die Kandidatin tippt – und erschnuppert dann die Ziege hinter Tür drei. Die zweite Ziege stinkt offenbar nicht so penetrant. Sollte die Kandidatin nun wechseln? Die Stinkziege hätte hinter jeder Tür stehen können, auch hinter der erwählten. Was nicht riecht (da es nicht fährt), ist das Auto. Der Fall ist jenem äquivalent, in dem der Moderator jede Tür außer einer Autotür öffnen darf. Wechseln bringt in diesem Fall nichts.
Schließlich: Die Kandidatin riecht, bevor sie das erste Mal wählt, die Ziege hinter Tür drei. Diese Variante ist äquivalent zu dem Fall, daß der Moderator sagt: «Ach, wir vereinfachen das Spiel. Tür drei ist sowieso eine Ziegentür. Und nun: Ihre Wahl!» Fast trivial: Jetzt hat die Kandidatin eine Fifty-fifty-Chance, mit Tür eins oder Tür zwei die richtige Tür zu erwischen.
Ein anderer Leser schlug mir vor, mit Frau Savant und vier weiteren Journalisten russisches Roulette zu spielen: Sechs Personen machen mit, eine Kugel steckt im sechsschüssigen Revolver, und der geht reihum, bis einer stirbt. Marilyn vos Savant wählt Platz Nummer sechs, Gero von Randow Platz Nummer fünf, die vier Kollegen belegen die ersten vier Plätze. Eins bis vier haben Glück – und nun? «Von Randow rechnet sich aus, daß die Kugel mit der Wahrscheinlichkeit $5/6$ auf den Positionen eins bis fünf saß; $4/6$ sind ausgefallen, die sich nun voll auf die von ihm *nicht* gewählte Position sechs konzentrieren. Er kommt zu dem Schluß, daß er noch intelligenter sein muß als seine Kollegin. Aber es nützt ihm alles nichts: Vos Savant beweist ihm, daß sich diese $4/6$ auf Platz fünf konzentriert haben. Hingerissen von der amerikanischen Journalistin verfaßt von Randow noch schnell einen Artikel.»
Was lernen wir daraus? Der Revolver-Fall läßt sich vereinfachen: Wir setzen drei Spieler und einen dreischüssigen Revolver voraus (eine Sonderanfertigung für Mathematiker). Eine Kugel steckt drin. Jeder

von uns dreien hat eine ⅔-Chance zu überleben. Und wie stehen die Chancen, wenn der namenlose Kollege Glück hatte?
Fifty-fifty, denn *es handelt sich nicht um ein Ziegenproblem*. Der Kollege informiert sich nicht über die Position der Kugel in den beiden verbleibenden Patronenschächten, denn er kennt sie nicht und *wählt nicht aus* – der Moderator hingegen weiß, wo das Auto steht, und öffnet die Autotür ja ganz bewußt nicht.
Und dies schrieb mir ein Mediziner:
Der Patient besucht den Arzt und sagt: «Ich habe immer solche Kopfschmerzen – ob ich vielleicht einen Tumor habe?» Nach einer ersten Untersuchung diagnostiziert der Arzt: «Entweder ist es ein Tumor, eine Migräne oder eine Verspannung – jeweils mit einer Drittel-Chance.» Der Arzt untersucht den Patienten weiter und teilt ihm schließlich mit: «Ich bin mir jetzt sicher. Zum Tumorverdacht will ich freilich nichts sagen. Nur soviel: Es ist keine Migräne.» Ist der Patient jetzt zu Recht erleichtert?
Ordnen wir alles fein säuberlich:
p(Migräne) = p(Verspannung) = p(Tumor) = ⅓, das ist einfach. Was brauchen wir noch? Die Wahrscheinlichkeiten bestimmter Äußerungen des Arztes nach bestimmten Diagnosen. Unter der Voraussetzung, daß er zum Tumorverdacht nichts sagen wird und nur mitteilt, welche Diagnose er ausschließen kann, wissen wir:

(1) p(Tumor-Diagnose und «Keine Verspannung») = ⅓ · ½ = ⅙
(2) p(Tumor-Diagnose und «Keine Migräne») = ⅓ · ½ = ⅙
(3) p(Verspannungs-Diagnose und «Keine Migräne») = ⅓ · 1 = ⅓
(4) p(Migräne-Diagnose und «Keine Verspannung») = ⅓ · 1 = ⅓

Es gibt zwei Fälle, in denen der Arzt «Keine Migräne» sagt: Fall (2) und Fall (3), letzterer ist wahrscheinlicher. Mit anderen Worten: Wenn der Arzt sicher ist, daß der Patient einen Tumor hat, dann mögen ihn noch so ehrbare Gründe zum Stillschweigen verleiten – er vermehrt die Hoffnung des Patienten, keinen Tumor zu haben.

Vorsicht, Zahlen!

Der Durchschnittsmensch

Die Pioniere der Wahrscheinlichkeitsrechnung im 17. und 18. Jahrhundert wollten herausfinden, wie der «rationale Mensch» mit dem Ungewissen umgehen kann. Ihre Nachfolger, die Statistiker des 19. Jahrhunderts, wollten herausfinden, wie der «Durchschnittsmensch» lebt.

Bürgerliche, zum Teil schon industrielle Gesellschaftsordnungen setzten sich damals in Europa durch. Sie führten Menschen und Produktionsmittel zusammen, erschlossen weitläufige Märkte, versahen sich mit starken Zentralstaaten. Geschäftsleute und Politiker, die Trends erkennen wollten, mußten versuchen, diese Massenerscheinungen zu schematisieren, in Zahlen auszudrücken.

Bislang diente die Wahrscheinlichkeitsrechnung dem Zweck, die Ungewißheiten des Ratens zu analysieren und den Zufall zu berechnen. Jetzt wurde das gleiche Instrumentarium genutzt, um zufällige und gesetzmäßige Schwankungen innerhalb großer Zahlenmengen unterscheiden zu können.

Bedeutet Wahrscheinlichkeit ein Maß der Gewißheit oder eine Häufigkeitsverteilung? Den Begründern der Theorie ging es um relative Gewißheit; als die Statistik aufkam, schwenkte das Pendel zur anderen Seite.

Die Statistik begann als Sozialwissenschaft, als Lehre vom Umgang mit «Zahleninformationen» über die Gesellschaft. Die Statistiker bemühten sich um Ordnung im Faktengewimmel; der Blick der Sozialwissenschaften wandte sich vom Individuum ab und suchte die Gesellschaft als ganze zu erfassen. Kriminalitätsraten, Sterbe- und Geburtstafeln, Wirtschaftsdaten, das war der Stoff der neuen Wissenschaft. Kleriker machten fleißig mit und «bewiesen» mit Hilfe der Geburtsstatistik die Existenz Gottes: Wie sonst, wenn nicht durch dessen ordnende Hand, könne sich das Gleichgewicht von männlichen und weiblichen Neugeborenen auf Dauer durchsetzen?

Täuschende Häufigkeiten

Mit Statistiken wird auch heute gern argumentiert. Dabei tritt eine eigenartige Geistesschwäche des Menschen zutage: seine Unbeholfenheit im Umgang mit Zahlenverhältnissen.
Victor Cohn, prominenter Kolumnist der *Washington Post*, erzählt folgende Geschichte, die sich an einer wohlangesehenen Universität im US-amerikanischen Nordosten zugetragen hat:
Ein Forschungsteam suchte nach einem Mittel gegen die Alzheimersche Krankheit. Sie befällt ältere Menschen, im Spätstadium legt sie deren Gehirn vollständig lahm. Das Team verabreichte vier Patienten eine neue Arznei. Achtzehn Monate später veröffentlichten die Forscher ein Papier, in dem es hieß, nach Angabe der Familien gehe es dreien besser und dem vierten immerhin nicht schlechter.
Ein Fernsehteam rückte an, und die Forscher luden zu einer Pressekonferenz, an der auch ein betroffener Patient teilnahm. Der Teamchef blieb bei vorsichtigen Formulierungen: die Resultate seien zwar ermutigend, aber noch recht frisch und bewiesen keineswegs, daß eine Therapie gefunden sei. Der Wissenschaftler riet zu größter Skepsis – doch die Schlagzeilen waren diese: «Erfolgreicher Alzheimer-Test», «Alzheimer: neue Hoffnung», «Durchbruch gegen Alzheimersche Krankheit», «Neue Therapie möglich».
Eine Studie an vier Patienten, ohne Kontrollgruppe und gegründet auf Aussagen hoffender Verwandter, ist statistisch wertlos (sie mag anderen wissenschaftlichen Wert haben). Doch innerhalb der nächsten zwei Monate meldeten sich 2600 Anrufer beim Institut. Die meisten Anrufe kamen von verzweifelten Angehörigen. Die Alzheimersche Krankheit ist noch immer unheilbar.
Ein anderer Fall: Ein bestimmter Prozentsatz der Babies, die im ersten Lebensjahr sterben, fällt angeborenen Mißbildungen zum Opfer. Victor Cohn berichtet von einem Zeitungsartikel, demzufolge im Jahre 1960 dieser Anteil vierzehn Prozent betrug – 1920 seien es nur sechs Prozent gewesen. Erschreckend? «Keineswegs», sagt Cohn, «denn das Risiko, an einer angeborenen Mißbildung zu sterben, lag 1920 bei 5,1 Fällen pro 1000 Geburten, 1960 nur noch bei 3,6. Andere Todesursachen hatten abgenommen, so daß Mißbildungen einen größeren Anteil an der insgesamt kleiner gewordenen Todesrate bekamen.» Zahlenangaben enthalten Fallstricke.
Kürzlich las ich, Schlittenfahren sei gefährlicher als andere Kinder-

Sportarten. Dies behaupteten amerikanische Ärzte, weil sich in den USA etwa 33000 Kinder pro Jahr beim Rodeln verletzen. Was dürfen wir davon halten? In den USA gibt es, grob geschätzt, 33 Millionen Kinder im Rodelalter (zwischen vier und vierzehn Jahren), von ihnen verletzt sich demnach ungefähr jedes tausendste. Selbst wenn wir annehmen, daß nur die Hälfte dieser Kinder wirklich rodelt, verletzt sich nach dieser Rechnung nur jedes fünfhundertste Kind beim Rodeln. Das ergäbe eine *verblüffend geringe* Verletzungsgefahr, die ich als Vater einer rodelnden Tochter nun doch höher einschätzen würde. Und die anderen Kinder-Sportarten? Wohl keine, das Schwimmen vielleicht ausgenommen, ist so verbreitet wie das Rodeln. Sie mögen noch so gefährlich sein – an summa summarum 33000 kommt die Zahl der Verletzungen nie heran.

Die Lehre: Solange sie nicht von weiteren Informationen begleitet wird, sagt die Zahl «33000» überhaupt nichts. Nach dem Golfkrieg meldete die US-Navy, sie habe ihre Cruise Missiles «mit 99prozentigem Erfolg abgefeuert». Nachfragen ergaben, daß man damit meinte, es seien 99 Prozent der Raketen problemlos gestartet worden – die Trefferquote ist nach wie vor geheim.

Noch ein paar Beispiele für täuschende Häufigkeiten. Zuerst ein leicht zu durchschauendes Paradox: Die Statistik verzeichnet mehr Autounfälle bei klarer Sicht als bei Nebel. Das ist nicht weiter verwunderlich, denn nebliges Wetter ist ganz einfach seltener. Bei Hausgeburten gäbe es im Verhältnis weniger Komplikationen als im Kreißsaal, behaupten viele – und vergessen, daß Frauen, die eine riskante Geburt erwarten, sich meist für die Geburt im Krankenhaus entscheiden. In der Selbstmord-Statistik tauchen mehr Witwen als Witwer auf. Das heißt, Frauen leiden mehr als Männer unter dem Verlust ihrer Partner? Nein, es gibt einfach mehr Witwen als Witwer, denn Frauen haben eine höhere Lebenserwartung, das ist alles. Bei Frauen tritt der Tod nach einer Herzoperation relativ häufiger ein als bei Männern, haben sie also schwächere Herzen? Es spricht einiges für die Vermutung, daß Herzstörungen und schwere Herzschäden bei Frauen erst später ernst genommen und entsprechend später diagnostiziert werden als bei Männern, weshalb ihr Operationsrisiko höher ist. Die Zahl der Unfälle von Kindern im Straßenverkehr nimmt leicht ab. Steigt also deren Sicherheit? Ganz und gar nicht – denn erstens nimmt die Zahl der Kinder ab, und zweitens spielen Kinder immer weniger auf der Straße.

Bei Studien über Gesundheitsbelastungen am Arbeitsplatz entsteht nach Angaben von Victor Cohn oft das paradoxe Resultat, daß die Arbeiter, die mit gefährlichen Substanzen in Berührung kommen, gesünder sind als die Kontrollgruppe von Nichtbeschäftigten. Dieser «healthy-worker-effect» kommt zustande, weil Arbeiter tendenziell gesünder sind und länger leben als der Bevölkerungsdurchschnitt (zumindest in den USA).
Kennen Sie das lähmende Gefühl, an der Kasse im Supermarkt schon wieder in der längsten Schlange zu stehen? Viele sind überzeugt davon, überdurchschnittlich oft in der längeren Schlange zu landen. Es wird auch häufiger von vollen als von leeren Zügen berichtet oder von überfüllten Vorlesungen an der Universität. Das mag alles der Wahrheit entsprechen, aber ein Irrtumsteufelchen spielt dennoch mit: Je voller es ist, desto mehr Leute können berichten. Im ersten Zug fahren 400 Personen, im zweiten 200. Das macht 300 pro Zug, aber es können doppelt so viele Fahrgäste von der Fahrt in einem vollen Zug erzählen. Dieser Effekt ist Statistikern wohlbekannt, schleicht sich aber immer wieder ein.

Simpsons Paradox

Ein berühmter Statistik-Irrtum heißt «Simpsons Paradox», nach dem britischen Statistiker E. H. Simpson, der es 1951 zum erstenmal vorstellte. Ein Arzt will ermitteln, wie gut ein neues Medikament anschlägt. Er plant deshalb Versuche in den zwei Städten, aus denen seine Patienten vornehmlich stammen. In Goatville gibt er 1000 Patienten das herkömmliche Medikament und 10000 Menschen das neue. In Doortown macht er's absichtlich anders: 10000 Patienten werden behandelt wie bisher, und nur 100 Patienten bekommen das neue Medikament. Nach einiger Zeit sieht seine Erfolgsstatistik so aus:

Effektivität der Behandlung	Goatville		Doortown	
	Herkömmlich (1000)	Neu (10000)	Herkömmlich (10000)	Neu (100)
nicht effektiv	950 (95%)	9000 (90%)	5000 (50%)	5 (5%)
effektiv	50 (5%)	1000 (10%)	5000 (50%)	95 (95%)

Ein schönes Ergebnis: das *neue* Medikament ist offenbar *effektiver*. Der Arzt schickt seine Ergebnisse nicht nur an die Fachpresse, sondern auch an die Redaktion vom *Generalanzeiger für Goatville, Doortown und Umgebung*.
Ein Volontär will darüber schreiben und erhält vom Chefredakteur den Rat «Bringen Sie höchstens eine einzige Tabelle, alles andere verwirrt den Leser». Gesagt, getan, der Volontär addiert die Statistiken beider Städte und bekommt folgende Tabelle heraus:

Effektivität der Behandlung	Herkömmlich	Neu
nicht effektiv	5950 (54%)	9005 (89%)
effektiv	5050 (46%)	1095 (11%)

– wonach das *neue* Mittel *schlechter* ist als das alte! Der Volontär entwirft deshalb einen Artikel mit der Überschrift: «Angebliches Wundermittel: Die statistischen Tricks der Pharma-Lobby».
Was ist passiert? Wie die erste Statistik zeigt, ist die Wahrscheinlichkeit, daß die Patienten genesen, in Goatville generell geringer als in Doortown. Das neue Medikament wurde aber in Goatville viel öfter eingesetzt (10000mal!) als in Doorville (100mal).
Simpsons Paradox trat bereits mehrfach in der Realität auf, zum Beispiel in Finanzstatistiken oder bei soziologischen Untersuchungen. «Zusammengefaßte» Statistiken können Informationen unterschlagen, ohne die sie wertlos sind, obwohl sie im einzelnen aus «objektiven» Daten bestehen.

Pseudo-Zusammenhänge

Zu den tückischsten Datensammlungen zählen diejenigen, in denen sich Beziehungen zwischen zwei Größen zeigen – «Korrelationen». Statistiker arbeiten mit einem «Korrelationskoeffizienten», einem Maß für den Gleichschritt zweier Größen. Der Koeffizient reicht von – 1,00 bis + 1,00. Der Betrag von 0,00 bis 1,00 gibt an, wie stark die Korrelation ist, das positive oder negative Vorzeichen steht für die Richtung der Korrelation: Ein Koeffizient von – 0,9 beispielsweise besagt, daß eine Größe B fast so schnell sinkt, wie die Größe A steigt.

Ein Koeffizient von 0,00 informiert darüber, daß keine Abhängigkeit besteht.
In dem Wort «Abhängigkeit» steckt die ganze Teufelei, zu der Korrelationen fähig sind. Die Tatsache, daß sich zwei Größen so verhalten, als gäbe es einen Kausalzusammenhang zwischen ihnen, kann wiederum verschiedene Ursachen haben. Die Größen können *direkt miteinander verknüpft* sein: Je kälter es wird, desto mehr heize ich. Und sie können *indirekt miteinander verknüpft* sein: Leute, die viel fernsehen, haben meistens mehr Cholesterin im Blut als andere – wohl nicht, weil fettige Strahlen aus dem Apparat dringen, sondern weil viele TV-Glotzer Chips und anderes Junk-Food beim Fernsehen spachteln. Die zwei Größen können auch durch eine *gemeinsame Ursache* beeinflußt werden: Wenn die Einwohnerzahl einer Stadt sinkt, nimmt (meistens) die Zahl der Verbrechen ab, und die Steuereinnahmen gehen zurück – wodurch jedoch kein Zusammenhang zwischen Staatseinnahmen und Kriminalität belegt wird. Und schließlich kann der Zusammenhang zweier Größen ganz *zufällig* sein.
Fehlgeburten verteilen sich statistisch nicht immer gleichmäßig. Zuweilen zeigen sich zeitliche oder räumliche Zusammenballungen, die rein zufällig sind. Ein derartiges Ereignisknäuel kann mit anderen Veränderungen zusammentreffen – etwa mit der Verbreitung von PCs oder Mondphasen-Uhren. In solchen Fällen ist es wichtig, nach dem sogenannten «P-Wert» zu fragen. Der P-Wert gibt an, mit welcher Wahrscheinlichkeit der statistisch beobachtete Effekt zufällig eintreffen kann. Erst wenn der P-Wert unter 0,05 ausfällt, das heißt die Zufallschance auf fünf von hundert Fällen reduziert ist, wird eine statistische Aussage *signifikant* – anders ausgedrückt: erst dann hat sie uns *vielleicht* etwas zu sagen. Aber was?
Da belegte eine Studie, daß rauchende männliche Studenten *signifikant* schlechtere Examensnoten als ihre nichtrauchenden Kommilitonen hatten. Warum war das so? Schadet Rauchen der Lernfähigkeit, greifen frustrierte Studenten eher zum Glimmstengel, oder liegt's vielleicht daran, daß ein großer Teil der Nichtraucher mehr Disziplin aufbringt? Wer weiß. *Ohne eine Theorie ist das Ergebnis wertlos.*
Die Sonnenflecken-Statistik paßt verblüffend zur Grippestatistik. Aber warum? Korrelationen allein beweisen gar nichts. Wenn sie auftreten, dürfen wir nur mit jeweils größerer oder geringerer Sicherheit einen Kausalzusammenhang vermuten, je nachdem, wie «gut» unsere Hypothese über eben diesen Zusammenhang ist. Eine Hypothese ist

dann «gut», wenn sie getestet werden kann, einen Erklärungswert hat und nicht zu waghalsigen Annahmen zwingt. Es gibt beispielsweise statistische Untersuchungen, die eine Korrelation von Tierkreiszeichen und bestimmten Charaktereigenschaften aufweisen. Bewiesene Astrologie? Menschen, die ihr Tierkreiszeichen kennen und sich mit Astrologie beschäftigen, neigen dazu, sich nach diesem Zeichen zu stilisieren (sogar dann, wenn sie nicht an Astrologie glauben). Diese Hypothese läßt sich testen, erklärt einiges und zwingt nicht zu der waghalsigen Annahme, Lichtjahre entfernt blinkende Sterne würden die menschliche Psyche beeinflussen.

Korrelationen spielen in allen medizinischen Studien eine wichtige Rolle. Um so erschreckender ist das Resultat eines Tests mit 684 englischen Kinderärzten. Sie wurden gefragt, welcher Korrelationskoeffizient die stärkste Beziehung zweier Größen ausdrücke: +0,85, +0,50, +1,25, −0,95 und 0,00. Weniger als 20 Prozent gaben die richtige Antwort (−0,95), etwa ein Drittel entschied sich für 1,25, einen Koeffizienten also, den es gar nicht gibt (siehe Seite 89).

Wie Politiker zuweilen mit Korrelationen umgehen, schilderte das britische Wissenschaftsblatt *New Scientist* (23.2.1991) am Beispiel der im Unterhaus geführten Debatte über die Todesstrafe. Den Politikern lagen Kriminalstatistiken aus Ländern vor, in denen zeitweise die Todesstrafe eingeführt war. Zwei Abgeordnete argumentierten, daß die Statistik keine Korrelation zwischen den Tötungsdelikten und der Todesstrafe zeige und deshalb weder für noch gegen die Todesstrafe spreche. «Welche Daten würden sie wohl als Hinweis darauf gelten lassen», fragte der *New Scientist* sarkastisch, «daß Hängen nicht abschreckt?» Ein Abgeordneter, der die Todesstrafe befürwortete, erklärte mit unnachahmlicher Logik: «Einige Leute haben behauptet, die Statistik gäbe für unseren Antrag nichts her. Natürlich kann sie das nicht, denn die einzigen, die in der Statistik erscheinen, sind ja diejenigen, die nicht abgeschreckt wurden.»

Die Herstellung zweier Dinge, soll Bismarck gesagt haben, beobachte der Ästhet besser nicht: Würste und Politik.

Die Zufallswanderung

Werfen wir noch einmal einen Blick auf die Urformel

$$p(A) = \frac{N_A}{N}$$

Denken wir über die Tatsache nach, daß der Ausdruck «N_A/N» ein Bruch ist, eine Verhältniszahl. Warum das wichtig ist, zeigt ein weiteres Spiel mit der Münze; es folgt jetzt der Regel, daß der Spieler bei «Kopf» eine Mark einheimst und bei «Zahl» eine Mark abgibt. Wird er nach vielen, sagen wir hunderttausend Würfen reicher oder ärmer sein – oder so vermögend wie zuvor?
Erstaunlicherweise wird er unter dem Strich erheblich gewonnen oder verloren haben.
Die Urformel $p(A) = N_A/N$ hilft uns, die relative Häufigkeit von «Kopf» und «Zahl» zu raten. Und je öfter die Münze fällt, desto genauer dürfte die Schätzung zutreffen. Beim Kassensturz kommt es jedoch auf die *Differenz* von «Kopf»- und «Zahl»-Würfen an – und bei sehr vielen Würfen kann sich hinter einem «Beinahe-1 : 1-Verhältnis» eine erhebliche Differenz verstecken.
FALL 1: 55mal «Kopf» und 45mal «Zahl». Das Verhältnis der «Kopf»-Würfe zur Gesamtzahl der Würfe ist $^{55}/_{100} = 0{,}55$, liegt also nur 0,05 über ½. Die Differenz von «Kopf» und «Zahl» beträgt 10. Nun wird weiter geworfen. Angenommen, eine spätere Auswertung ergäbe
FALL 2: 108mal «Kopf» und 92mal «Zahl». Das Verhältnis der «Kopf»-Würfe zur Gesamtzahl der Würfe ist weiter gesunken: $^{108}/_{200} = 0{,}54$ liegt nur noch 0,04 über ½. Gestiegen ist indes die Differenz von «Kopf» und «Zahl»: auf 16.
Wer im Roulette stets Halbe-halbe-Chancen spielt, also auf Rot oder Schwarz, Gerade oder Ungerade, Manque oder Passe setzt, sollte aus dem gleichen Grund nicht damit rechnen, das Casino «Plus-Minus-Null» zu verlassen (ein weiterer Grund kommt hinzu: fällt der Ball in die «Null», hat die Bank den Vorteil).
Verhältnis und Differenz sind zwei verschiedene Dinge. Das drücken Mathematiker gern mit dem Bild der «Zufallswanderung» aus. Ein etwas seltsamer Wanderer, der sich von einem Mathematiker eine Münze ausgeliehen hat, geht bei «Kopf» einen Schritt vor und bei «Zahl» einen Schritt zurück. Er wird sich wahrscheinlich mehr und

mehr von seinem Ausgangspunkt entfernen – genauso wie es die zufällig herumschwirrenden Moleküle eines Gases tun.
Selbst in einem Raum, in dem kein Lüftchen weht, würden mehr und mehr Moleküle eines Parfüms oder giftigen Gases aus ihrer offenen Flasche kriechen und umherwandern. Niemand kann den Weg jedes einzelnen Moleküls verfolgen. Deshalb sind Gesetze nützlich, wonach sich die Wahrscheinlichkeit ablesen läßt, mit der sich Gasmoleküle an einem bestimmten Ort befinden. Diese Wahrscheinlichkeit kann dann auch als Dichte des Gases interpretiert werden.
Im Jahre 1905 stellte der englische Statistiker Karl Pearson (1857–1936) das Konzept der Zufallswanderung, des «random walk», erstmals vor. Es zeigte sich in den folgenden Jahren, daß auch Rohstoffpreise, Klimadaten und Selbstmordraten innerhalb bestimmter Bandbreiten einem Zufallsweg folgen. Der «random walk» erwies sich als passables Modell für chemische Vorgänge ebenso wie für den Weg, den Mikro-Organismen auf glatten Oberflächen zurücklegen. Natürlich können die Regeln des «random walk» abgewandelt werden, um das Zufallsverhalten eines natürlichen Systems zu beschreiben. Der Wanderer kann eine zweite Münze einwerfen, um seine Geschwindigkeit zu bestimmen, er kann auch nach rechts und links, theoretisch sogar nach oben und unten wandern.

Wer nicht sucht, der findet

Wenn wir in einem xy-Diagramm Zeit und Standort des Zufallswanderers jeweils eintragen, kann es geschehen, daß sich seltsam regelmäßige Muster ergeben. Und wenn sie nicht regelmäßig erscheinen, können sie immerhin genauso aussehen wie andere statistische Kurven, die wir schon mal irgendwo gesehen haben. Der Psychologe James Rotton berichtet davon, wie ein Professor der Statistik seine Studenten Münzen werfen ließ und die Ergebnisse als «random walk» in ein Zeit-Weg-Diagramm eintragen ließ. Der Professor zeigte das Diagramm einem Börsenfachmann, und der rief sofort: «Welche Firma ist das? Wir müssen sofort kaufen! Dieses Muster ist ein Klassiker!»
«Random walks» sind nur ein Beispiel dafür, daß auch der Zufall Muster schaffen kann, die wir als Zeichen mißverstehen. Darin liegt auch der Reiz aleatorischer Kunst, also der Musik, Malerei oder Lite-

ratur, in denen man den Zufall mitspielen läßt. Eine der schönsten Kompositionen von John Cage entstand, als er transparentes Notenpapier über eine Sternenkarte legte. Die Tonfolge bestimmte der Zufall, und doch hören wir etwas heraus, nämlich das, was wir uns einbilden. Auch die Gewinnzahlen im Lotto können, über längere Zeit beobachtet, bemerkenswerte Muster bilden – ein fruchtbarer Boden für blühenden Unsinn von der Art, daß einem Kreuz-Muster oft ein Kreis-Muster folgt.

Der Witz ist, *daß wir stets etwas Besonderes finden, wenn wir nicht nach etwas Bestimmtem suchen.* Irgendwelche Muster entstehen letztlich immer. Der amerikanische Philosoph Charles Sanders Peirce (1839–1914) notierte sich die ersten fünf Namen aus einem «Dichterlexikon» zusammen mit dem Sterbealter des jeweiligen Poeten:

Aagard, starb mit 48
Abeille, starb mit 76
Abulola, starb mit 84
Abunowas, starb mit 48
Accords, starb mit 45

Peirce, der auch ein guter Mathematiker war:
«Die fünf Sterbealter haben folgende Eigenschaften gemein:

1. Die Differenz der beiden Ziffern, aus denen die Zahl besteht, läßt sich durch drei mit einem Rest von eins teilen.
2. Wenn die erste Ziffer mit der zweiten Ziffer potenziert und dann durch drei geteilt wird, bleibt ein Rest von eins.
3. Die Summe der Primfaktoren der Zahl (wobei 1 als Primfaktor zugelassen ist) ist durch drei teilbar. Indes gibt es nicht den geringsten Grund zu der Annahme, daß das Sterbealter des folgenden Dichters gleichfalls diese Eigenschaften hätte.»

Peirce zeigt uns mit diesem Beispiel, daß es nicht viel bringt, in Daten *irgendwelche Muster* auszumachen, nach denen man nicht gesucht hat. Wie gesagt, *irgendwelche Muster* gibt es immer. Interessant sind sie nur, wenn eine Theorie sie vorhergesagt hat. Deshalb gehört es zum Standard wissenschaftlicher Studien, daß *erst* das Untersuchungsziel und die Hypothese angegeben werden müssen und *dann* die Daten erhoben werden. Wer aber nach *irgendwelchen Mustern* in Datensammlungen sucht und *anschließend* seine Theorien bildet, schießt sozusagen auf die weiße Scheibe und malt danach die Kreise um das Einschußloch.

Erst kombinieren...

Was ist Kombinatorik?

Jetzt wird das Instrumentarium verfeinert. Wir rufen uns wieder einmal die Urformel ins Gedächtnis:

$$p(A) = \frac{N_A}{N}$$

Im Zähler des Bruches N_A/N steht die Zahl der Ergebnisse mit der Ereignisqualität A, nach denen in der Menge N gesucht wird. Nun werden sechs Münzen geworfen, und die Frage lautet, wie die Chancen stehen, daß genau drei davon «Kopf» zeigen. Viele Leute glauben, die Chancen stünden überaus gut, andere meinen: «Na, etwa fifty-fifty.» Das ist schon wieder alles falsch.
Wir symbolisieren «Kopf» mit «x», «Zahl» mit «o». Ein Wurf mit sechs Münzen ergibt also eine Reihe von sechs x- und/oder o-Zeichen, zum Beispiel:

xoxxoo

Es gibt zwanzig Möglichkeiten, mit sechs Münzen genau drei «Köpfe» zu werfen:

xxxooo	oxxxoo	ooxxxo	oooxxx
xxoxoo	xxooxo	xxooox	xoxxoo
xooxxo	xoooxx	ooxoxx	oxooxx
xoooxx	ooxxox	oxxoox	xoxoox

Zwanzig Kombinationen, das finde ich bemerkenswert. Ein spezieller Zweig der Mathematik ermittelt derartige Kombinationen und heißt deswegen «Kombinatorik». Die Kombinatorik liefert der Wahrscheinlichkeitsrechnung die N_A/N-Brüche und hat sich auch parallel zu ihr entwickelt.
Im Zähler N_A steht also 20, die Zahl der möglichen «Drei-Köpfe»-Kombinationen. In den Nenner N gehört die Zahl aller denkbaren Wurfkombinationen. Wie viele mögen das wohl sein?
Jede Münze hat zwei Möglichkeiten zu fallen. Bei zwei Münzen sind

es vier, bei drei Münzen $2 \cdot 2 \cdot 2 = 8$ Möglichkeiten, bei sechs Münzen $2^6 = 64$. Unser Wahrscheinlichkeitsbruch lautet demnach $p(A) = 20/64$, gekürzt: $p(A) = 5/16$.

Was «p(A) = 5/16» uns sagt, ist einiges Nachdenken wert. «p(A) = 5/16» drückt beispielsweise aus, daß wir bei sechzehn Würfen eher fünf «Dreier» als zehn «Dreier» oder nur einen erwarten sollten. «p(A) = 5/16» verspricht keineswegs, daß wir *sicher* mit fünf «Dreier-Köpfen» rechnen dürfen. Es können auch sechzehn sein – oder gar keiner.

Noch etwas sagt «p(A) = 5/16»: Je öfter wir werfen, desto mehr werden sich die Würfe mit «Dreier-Köpfen» im Verhältnis zur Gesamtheit der Wurfergebnisse dem Wert 5/16 annähern. Doch auch bei extrem langen Wurfreihen, etwa einer Million Würfen, ist keineswegs gesichert, daß genau das Verhältnis 5/16 herauskommt. Trotzdem, 5/16 dürfen wir für den heißesten Tip halten.

Damit sind wir erneut beim «Gesetz der großen Zahl» angekommen. Denken wir uns die Wahrscheinlichkeit als eine Aussage über Häufigkeiten, dann können wir formulieren: Vorausberechnete Wahrscheinlichkeiten entsprechen den wirklichen Häufigkeiten um so genauer, je größer die Zahl der Ereignisse wird. Also genau umgekehrt zur Futurologie: Ihre Angaben werden um so unzuverlässiger, je weiter sie in die Zukunft reichen.

Pfadfinder in der Verfügbarkeitsfalle

Mit Kombinationen tun wir uns schwer. Kahnemann und Tversky legten ihren Versuchspersonen diese zwei Muster vor:

A	B
x x x x x x x x	xx
x x x x x x x x	xx
x x x x x x x x	xx
	xx
	xx
	xx
	xx
	xx
	xx

Die beiden Psychologen fragten nach «Pfaden durch das Muster» – gesucht waren Linien, die

- ein Element (ein «x») der *obersten* Zeile des Musters mit einem Element der *untersten* Zeile verbinden
- und in *jeder* Zeile durch *genau ein* Element führen.

  Zweierlei sollten die Testpersonen beantworten:

- In welchem Muster ergeben sich mehr mögliche Pfade?
- Wie viele mögliche Pfade sind es jeweils?

46 der 54 Testpersonen sahen mehr Pfade in A als in B. Die geschätzten Werte für A schwankten um 40 Pfade, die für B um 18.
Spielen wir die Sache einmal durch. Beginnend mit der ersten Zeile von A haben wir 8 Möglichkeiten für die Wahl unseres Ausgangspunktes. Danach haben wir weitere 8 Möglichkeiten in der zweiten Zeile und 8 Möglichkeiten in der dritten – also rechnen wir

$$8 \cdot 8 \cdot 8 = 8^3 = 512$$

Bei B verhält es sich so: Zwei Möglichkeiten zu beginnen, alsdann wieder zwei, wieder zwei ... insgesamt neunmal, also

$$2 \cdot 2 \cdot 2 \cdot 2 \cdot 2 \cdot 2 \cdot 2 \cdot 2 \cdot 2 = 2^9 = 512$$

A und B bieten also die gleiche Zahl von Pfaden, nämlich $8^3 = 2^9 = 512$.
Kommentar der beiden Psychologen:

«Wir vermuten, daß dieses Ergebnis die verschiedene Vorstellbarkeit der Pfade in den beiden Strukturen widerspiegelt. Es gibt mehrere Faktoren, welche die Pfade in A leichter vorstellbar machen als die in B. Erstens laufen die am leichtesten vorstellbaren Pfade durch die vertikalen Spalten beider Muster. In A gibt es acht Spalten und nur zwei in B. Zweitens sind die Pfade, welche die Spalten kreuzen, in A im allgemeinen leichter auseinanderzuhalten als in B. Überdies sind die Pfade in A kürzer und deshalb leichter zu visualisieren als die in B.»

Wenn Sie Lust am Kombinieren haben, dann sind die folgenden Abschnitte gerade richtig für Sie. Wenn Sie Mathematik als Streßfaktor bewerten, dann springen Sie unbeschwert zum nächsten Kapitel.

Unser erstes Gesetz der Kombinatorik

Es gab zwanzig Möglichkeiten, mit sechs Münzen genau drei «Köpfe» zu werfen. Anders ausgedrückt: Es gab zwanzig Varianten, eine Menge aus den Elementen x, x, x, o, o, o zu ordnen. Wir haben das durch Ausprobieren herausgefunden. Viel interessanter ist jedoch die Frage, welche Erklärung es dafür gibt, und für solche Erklärungen ist die Kombinatorik zuständig.

Eine kleine Schwierigkeit besteht darin, daß in einer Zeichenfolge wie xxooxo die Symbole x und o mehrmals vorkommen. Um unsere Frage zu vereinfachen, betrachten wir zunächst Mengen, in denen jedes Symbol nur genau einmal vorkommt.

Die Menge, die aus dem einen Element «a» besteht, läßt sich nur in einer Form ordnen, nämlich so:

a

Hätten Sie's gewußt?

Nun denken wir uns eine Menge aus zwei Elementen, den Buchstaben a und b. Wir können sie in zwei Formen anordnen: *ab* oder *ba* («anordnen» bedeutet hier immer nur «horizontal anordnen», also nicht über- oder hintereinander oder auf den Seiten eines Dodekaeders oder eines zehndimensionalen Würfels). Nächster Schritt: die Menge (a, b, c). Wir können sie anordnen als:

abc acb bca bac cab cba

also in sechs verschiedenen Reihenfolgen. Wir gehen einen Schritt weiter:

Menge: {a, b, c, d}

Zahl der Elemente: 4

Möglichkeiten:

a b c d	a b d c	a c b d	a c d b	a d b c	a d c b
b a c d	b a d c	b c a d	b c d a	b d a c	b d c a
c a b d	c a d b	c b a d	c b d a	c d a b	c d b a
d a b c	d a c b	d b a c	d b c a	d c a b	d c b a

Zahl der Möglichkeiten: 24

Das wird ziemlich schnell unübersichtlich. Dazu eine kleine Tabelle:
Wir hatten

Zahl der Elemente	Zahl der Möglichkeiten
1	1
2	2
3	6
4	24

Die Zahl der Möglichkeiten schnellt nach oben, während die Zahl der Elemente Schritt für Schritt ansteigt. Wie viele Möglichkeiten gäbe es bei fünf Elementen?
Wir denken uns die fünf Buchstaben a, b, c, d, e als Aufkleber auf fünf Kugeln, die bereits in einer Urne auf uns warten. Irgendeine Buchstaben-Kugel wird jetzt blind herausgefischt. Dafür gibt es fünf verschiedene Möglichkeiten. Um uns das vorzustellen, zeichnen wir ein Diagramm:

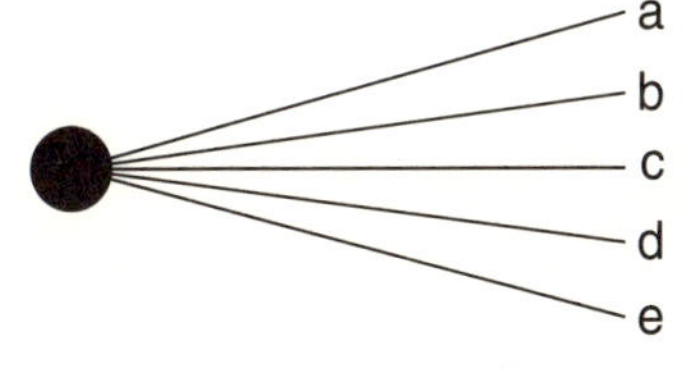

Jetzt haben wir also schon mal ein Element. Wir greifen das nächste heraus – vier sind noch drin, es gibt also vier verschiedene Möglichkeiten. Welche es sind, hängt von der ersten Ziehung ab. Wir zeichnen die Möglichkeiten auf:

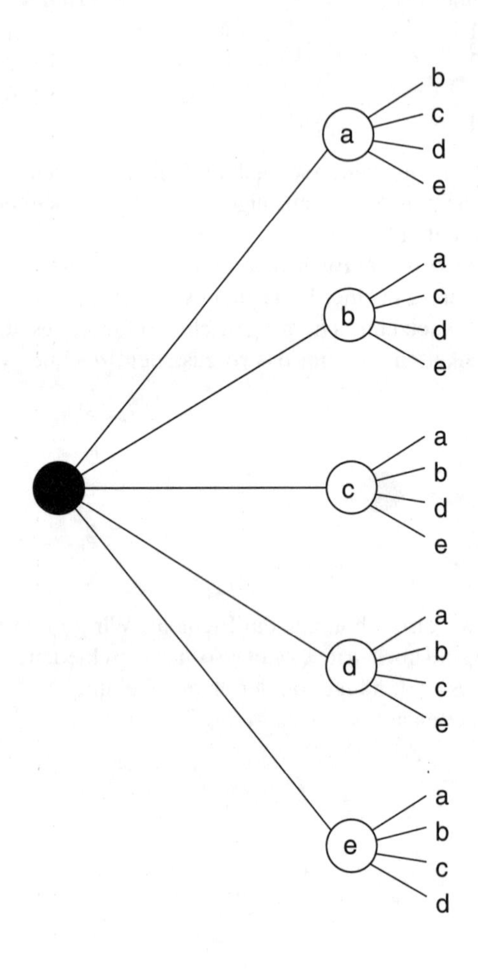
a
b
c
d
e
b
c
d
e
a
c
d
e
a
b
d
e
a
b
c
e
a
b
c
d

Nächste Ziehung: Nur noch drei Kugeln in der Urne, also drei Möglichkeiten. Die Grafik:

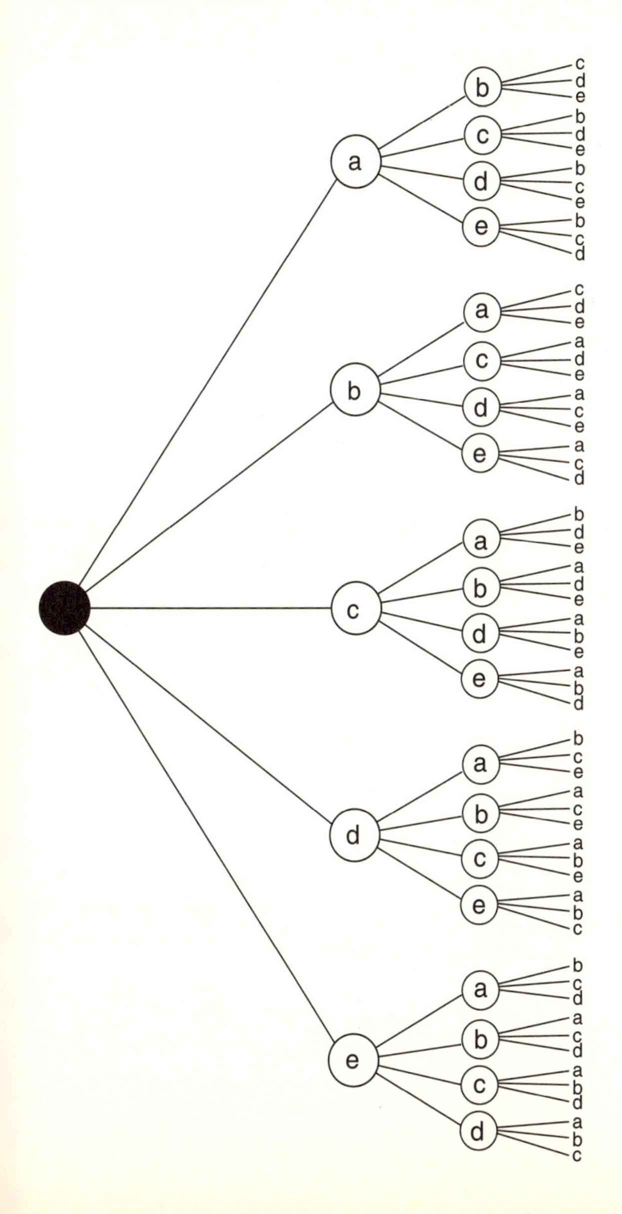

Nächste Ziehung: noch zwei Kugeln übrig; letzte Ziehung: eine Kugel. Die Zahl der Möglichkeiten hat sich schrittweise von fünf auf eins verringert, der Baum der Möglichkeiten hat sich weit verzweigt:

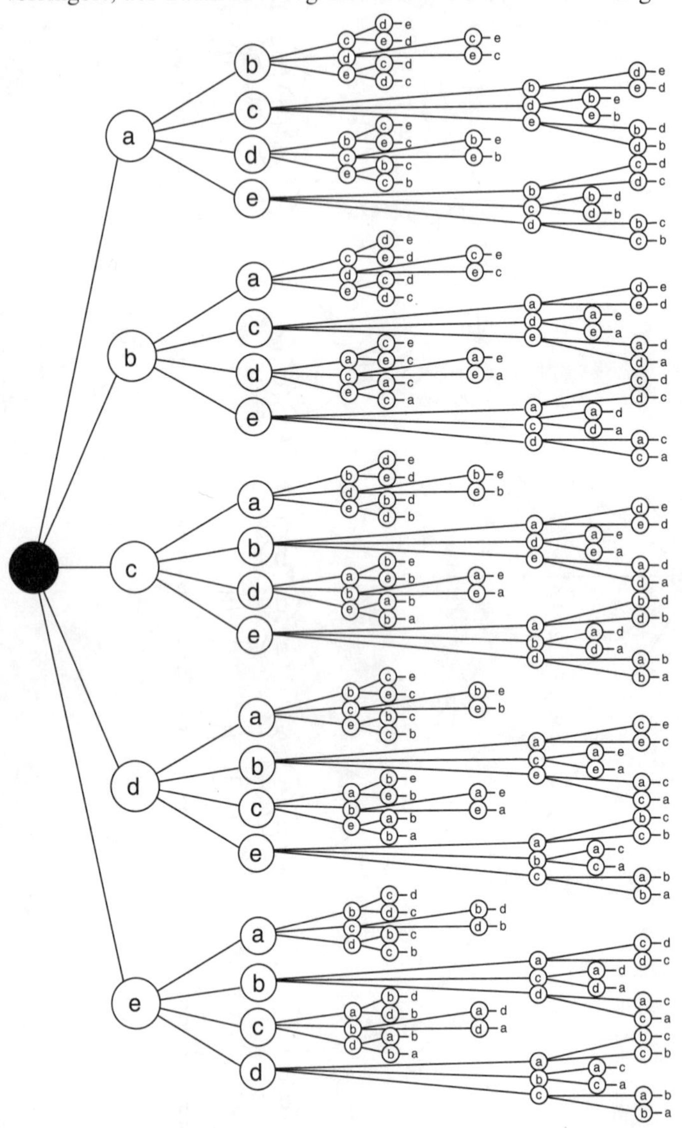

Der Möglichkeiten-Baum veranschaulicht folgende Überlegung: Die Gesamtzahl der möglichen Anordnungen ergibt sich aus der Multiplikation der Teilmöglichkeiten, in diesem Fall

$$5 \cdot 4 \cdot 3 \cdot 2 \cdot 1$$

Bei sechs Kugeln wird der Baum verzweigter, und es ergeben sich

$$6 \cdot 5 \cdot 4 \cdot 3 \cdot 2 \cdot 1$$

Möglichkeiten.
Das erinnert natürlich an die Aufgabe von Seite 60,

$$8 \cdot 7 \cdot 6 \cdot 5 \cdot 4 \cdot 3 \cdot 2 \cdot 1 = ?$$

Man nennt so ein Produkt auch «Fakultät», sie bekommt das Zeichen «!» und sieht dann so aus:

$$8 \cdot 7 \cdot 6 \cdot 5 \cdot 4 \cdot 3 \cdot 2 \cdot 1 = 8!$$

3! wäre also $3 \cdot 2 \cdot 1$. Wir können das auch allgemein ausdrücken: Die Zahl der möglichen Anordnungen einer Menge aus n Elementen ist eine «Fakultät»:

$$n \cdot (n - 1) \cdot (n - 2) \ldots 3 \cdot 2 \cdot 1 = n!$$

Das erste Gesetz der Kombinatorik, mit dem wir in Zukunft arbeiten können, lautet also:

Zahl der möglichen Anordnungen von n Elementen = n!

(Hinweis für die Puristen unter den Lesern: Eigentlich ist es ein Gesetz der «Permutationen»)
Menschen mit Zahlenbegabung, die all meine Bäumchen und Zweiglein nicht brauchen, kamen auf dieses Gesetz bereits durch bloßes Betrachten der Tabelle auf Seite 99.
Kommen wir auf unser Anfangsbeispiel zurück. Wir hatten sechs Elemente: drei x'e und drei o's. Noch immer suchen wir die Zahl der Muster, die mit diesen Elementen gebildet werden können. Auf geht's:
Wir bilden Sechser-Muster, wie zum Beispiel xxxooo. Wenn es verschiedene x'e und o's wären, dann gäbe es 6! = 720 Möglichkeiten, sie in Sechser-Mustern zu sortieren. Indessen sind alle x'e einander gleich, genauso wie alle o's.

Mit anderen Worten: Das Sechser-Muster

$$x_1, x_2, x_3, o_1, o_2, o_3$$

soll dasselbe sein wie

$$x_3, x_2, x_1, o_3, o_2, o_1$$

oder auch

$$x_3, x_1, x_2, o_1, o_3, o_2$$

Die Zahl 720 muß also durch die Zahl der möglichen Anordnungen der jeweils verschiedenen x'e und o's pro Sechser-Muster geteilt werden. Wie viele Anordnungen sind in jedem Sechser-Muster möglich? Wir können in jedem Sechser-Muster
$3! = 6$ Reihenfolgen der drei x'e
und $3! = 6$ Reihenfolgen der drei o's
anordnen. Jede x-Reihenfolge ist mit jeder o-Reihenfolge kombinierbar, wir haben folglich

$$6 \cdot 6 = 36$$

Kombinationen für jedes Sechser-Muster. Um die Gesamtzahl der Sechser-Muster herauszufinden, brauchen wir also nur zu rechnen:

$$\frac{\text{Zahl der Kombinationen}}{\text{Zahl der Kombinationen pro Sechser-Muster}}$$

also $\frac{720}{36} = 20$

und das ist genau die Zahl, die wir vorhin durch Probieren gefunden haben.

Unser zweites Gesetz der Kombinatorik

In einer Urne liegen sechs Kugeln mit den Nummern 1 bis 6. Jemand zieht nacheinander blind vier Kugeln (ohne sie zurückzulegen) und notiert sich ihre Ziffern in der Reihenfolge seiner Ziehung. Wie viele Ziffernfolgen sind möglich?
Wir unterteilen die Frage. Zunächst achten wir nicht auf die möglichen Reihenfolgen, sondern darauf, *welche* jeweils vier Kugeln ge-

zogen werden können. Folgende fünfzehn Kugelmengen sind möglich:

1234 1235 1236 1245 1246 1256 1345 1346 1356 1456 2345 2346 2356 2456 3456

Da jede dieser Mengen aus vier Elementen besteht, kann jede Menge auf $4! = 24$ verschiedene Weisen geordnet werden. Insgesamt sind also $15 \cdot 24 = 360$ Ziffernfolgen möglich.

Jetzt wollen wir sehen, ob dieses Ergebnis auch ohne Probieren gewonnen werden kann. Beim ersten Ziehen sind sechs verschiedene Ergebnisse möglich: Eine der Kugeln 1 bis 6 könnte gezogen werden. Beim zweiten Ziehen bleiben noch fünf Möglichkeiten. Beim dritten Mal sind es vier und beim vierten drei. Jetzt haben wir die vier Kugeln gezogen – zwei bleiben drin:

Ziehung Nummer	Kugeln in der Urne (= Möglichkeiten zu ziehen)
1	6
2	5
3	4
4	3

Etwas allgemeiner ausgedrückt, indem wir nicht sechs, sondern n Kugeln in der Urne haben:

Ziehung Nummer	Kugeln in der Urne (= Möglichkeiten zu ziehen)
1	n
2	$n - 1$
3	$n - 2$
4	$n - 3$

Noch allgemeiner, indem wir nicht viermal ziehen, sondern s-mal ziehen:

Ziehung Nummer	Kugeln in der Urne (= Möglichkeiten zu ziehen)
1	n
2	$n - 1$
$\vdots$	$\vdots$
s	$n - (s - 1)$

Wenn wir die Teilmöglichkeiten (n, n – 1, n – 2 usw.) multiplizieren, bekommen wir für die Gesamtzahl der Möglichkeiten von s Ziehungen aus n Elementen (was man $(n)_s$ schreibt):

$$(n)_s = n \cdot (n-1) \cdot (n-2) \ldots \cdot (n-(s-1))$$

und wenn wir die häßliche Doppelklammer «$(n-(s-1))$» umformen, lautet unsere Formel

$$(n)_s = n \cdot (n-1) \cdot (n-2) \cdot \ldots \cdot (n-s+1)$$

Diese Formel enthält eine Art «abgebrochener Fakultät», denn die Multiplikationsreihe in ihrem rechten Teil geht nur bis $(n-s+1)$, eine «richtige Fakultät» ginge runter bis $\ldots 3 \cdot 2 \cdot 1$. Aber wir können diese Formel mit einem Trick umformen, um sie mit Hilfe von Fakultäten einfacher auszudrücken. Der Kniff ist aus dem Bruchrechnen in der Schule bekannt: Man darf jederzeit mit $\frac{a}{a}$ multiplizieren, ohne daß sich ein Wert verändert, denn $\frac{a}{a}$ ist ja gleich eins. Wir multiplizieren nun den rechten Teil dieser Formel mit

$$\frac{(n-s)!}{(n-s)!}$$

und dabei kommt ein Bruch heraus, den wir zu

$$\frac{n!}{(n-s)!}$$

zusammenfassen können (wollen Sie es mal selbst versuchen?). Unsere Formel für $(n)_s$ wird auf diese Weise lapidar kurz, nämlich zu

$$(n)_s = \frac{n!}{(n-s)!}$$

Dies ist unser zweites Gesetz der Kombinatorik: Die Zahl der verschiedenen möglichen Reihenfolgen, s Elemente aus einer Menge von n Elementen herauszuziehen, beträgt

$$\frac{n!}{(n-s)!}$$

Wir wenden es auf unsere Frage an: Sechs Elemente, vier Ziehungen, also

$$(6)_4 = ?$$

Ich komme auf $\frac{720}{2} = 360$. Sie auch?

Unser drittes Gesetz der Kombinatorik

Wir hatten durch Probieren herausgefunden, daß es bei sechs Kugeln fünfzehn verschiedene Möglichkeiten gibt, vier Kugeln zu ziehen (ungeachtet der Reihenfolge). Auch dafür gibt es eine allgemeine Formel, die das Probieren überflüssig macht.
Wenn jemand blind vier Kugeln aus einer Urne nimmt und sie schlicht ablegt, dann nennen wir das eine *ungeordnete Teilmenge*. In unserem Fall ist es eine ungeordnete Teilmenge von vier Elementen aus einer Gesamtmenge von sechs Elementen, und das schreibt man so:

$$\binom{6}{4}$$

Ausgesprochen: «Sechs über vier». Wir wollen jetzt wissen, wie viele solcher ungeordneter Teilmengen aus s Elementen bei einer Gesamtmenge von n Elementen möglich sind, also

$$\binom{n}{s} = ?$$

Die gesuchte Zahl «n über s» wird sicherlich kleiner sein als $(n)_s$, denn $(n)_s$ gibt an, wie viele *verschieden geordnete* s-Mengen aus der Gesamtmenge n gebildet werden können. Mit anderen Worten: $(n)_s$ liefert uns die Zahl der *geordneten* s-Mengen aus n.
Bei einer Teilmenge aus s Elementen gibt es, wie wir wissen, s! Möglichkeiten, sie zu ordnen. Deshalb gilt

$$\binom{n}{s} \cdot s! = (n)_s$$

Also

$$\binom{n}{s} = \frac{(n)_s}{s!}$$

oder auch

$$\binom{n}{s} = \frac{n!}{s! \cdot (n-s)!}$$

Mal sehen, ob diese Formel das Ergebnis bringt, das wir durch Probieren gefunden hatten ($n=6$, $s=4$):

$$\binom{n}{s} = \frac{n!}{s! \cdot (n-s)!}$$

$$\binom{6}{4} = \frac{6 \cdot 5 \cdot 4 \cdot 3 \cdot 2}{4 \cdot 3 \cdot 2 \cdot 2}$$

$$= \frac{6 \cdot 5}{2}$$

$$= 15, \text{ tatsächlich}$$

Diese Formel ist ausgesprochen nützlich. Sie ist unser drittes Gesetz der Kombinatorik:
Die Zahl ungeordneter Teilmengen mit s Elementen aus einer Menge von n Elementen beträgt

$$\binom{n}{s} = \frac{n!}{s! \cdot (n-s)!}$$

Dieses Gesetz erlaubt uns, die Chancen für sechs Richtige im Lotto «6 aus 49» zu berechnen. Gesucht ist:

$$p(\text{richtiger 6er-Tip}) = 1/_{\text{Zahl aller möglichen 6er-Tips}}.$$

Die Zahl aller möglichen 6er-Tips ist:

$$\binom{49}{6} = \frac{49!}{6! \cdot (49-6)!}$$

$$= \frac{49!}{720 \cdot 43!}$$

An dieser Stelle erinnern wir uns, daß 43! sozusagen in 49! steckt, wir können daher kürzen:

$$= \frac{49 \cdot 48 \cdot 47 \cdot 46 \cdot 45 \cdot 44}{720}$$

$$= 13983816$$

Die Lottochance beträgt also tatsächlich 1/13.983.816, wie auf Seite 72 berichtet. Da ist nichts zu machen.

Der böse rot-grüne Kopfzerbrecher

Die Tüfteleien der letzten Abschnitte konnten Sie nicht abschrecken? Na, dann machen Sie sich jetzt mal auf etwas gefaßt. Womit sich manche Leute beschäftigen, zeigt Ihnen die folgende Aufgabe, die ich in einem Buch entdeckte.
In einer Tasche befinden sich sechs rote und acht grüne Bälle. Fünf Bälle werden zufällig herausgenommen und in eine rote Urne (!) gelegt, die anderen Bälle landen in einer grünen Urne. Nun halten Sie sich fest, denn es kommt die Frage aller Fragen: Wie groß ist die Wahrscheinlichkeit, daß die Summe aus der Zahl der roten Bälle in der grünen Urne und der Zahl der grünen Bälle in der roten Urne *keine Primzahl*[1] *ist*?
Wenn Sie das gar nicht wissen wollen, dann lesen Sie einfach auf Seite 111 weiter.
Für alle anderen gibt's erstmal ein Diagramm:

5 Bälle	*9 Bälle*
nämlich	nämlich
g grüne	8−g grüne
5−g rote	g+1 rote
rote Urne	grüne Urne

So geht's:
Die Zahl der *grünen Bälle* in der *roten Urne* nennen wir g. In der *grünen Urne* befindet sich *der Rest* der insgesamt acht grünen Bälle, also 8g grüne Bälle. In die rote Urne wurden fünf Bälle gelegt, wie Sie sich sicherlich gemerkt haben. Wie viele davon können rot sein? Ganz einfach: fünf minus der Zahl der grünen Bälle darin = 5 − g. *Insgesamt* sind *sechs rote Bälle* im Spiel, mithin müssen in der grünen

1 Eine Primzahl ist eine natürliche Zahl größer als eins, die nur durch eins und durch sich selbst teilbar ist. Die Primzahlen von 2 bis 10 sind: 2, 3, 5, 7.

Urne g + 1 rote Bälle liegen. Jetzt zählen wir die roten Bälle in der grünen Urne und die grünen Bälle in der roten Urne zusammen:

$$rG + gR = (g + 1) + g = 2g + 1$$

Wir suchen die Wahrscheinlichkeit, mit der 2g + 1 *keine Primzahl* ist. Was wissen wir über 2g + 1? Auf jeden Fall ist diese Zahl ungerade, das ist schon mal gut. Außerdem kann g nicht größer sein als 5, denn in der roten Urne liegen insgesamt nur fünf Bälle. Damit wissen wir bereits, daß 2g + 1 eine ungerade Zahl zwischen 1 und 11 sein muß. Wie sieht's in diesem Bereich mit Primzahlen aus? Wir haben 3, 5, 7 und 11. Es bleiben also nur noch 1 und 9 als ungerade *Nicht-Primzahlen* übrig. Wenn 2g + 1 = 1 ist, dann ist g = 0. Wenn 2g + 1 = 9 ist, dann ist g = 4. Wie groß ist die Chance, mit dem Griff in die Tasche *nur rote* Bälle (g = 0) oder vier grüne und einen roten Ball (g = 4) zu ziehen?

$$p(\text{A oder B}) = p(A) + p(B)$$

also

$$p(\text{A oder B}) = \frac{N_A}{N} + \frac{N_B}{N}$$

$$= \frac{\binom{6}{5} + \binom{8}{4} \cdot \binom{6}{1}}{\binom{14}{5}} = \frac{6 + 420}{2002} = \frac{213}{1001}$$

213⁄1001 ist etwas mehr als ein Fünftel. Finden Sie das interessant? Den *Weg* dorthin fand ich tatsächlich interessant.

... dann schließen

Vorwärtsschlüsse: Totale Wahrscheinlichkeit

Wir sind es gewohnt, in Ursachen und Wirkungen zu denken. Wir bemerken den beginnenden Regen und folgern, die Straße wird naß werden. (Für die Scharfsinnigen: Dies gilt nicht, wenn die Straße durch einen Tunnel führt.) Wir zünden Laub an und erwarten, daß Rauch aufsteigt. Wir beobachten Ereignis A und schließen: Es wird Ereignis B nach sich ziehen. Wie sicher dürfen wir wohl dieser Schlüsse sein?
In einigen Fällen hilft uns die Rate-Theorie, die Wahrscheinlichkeitslehre.
Wenn auf das Ereignis A nach unserer Erfahrung stets B folgt, dann meinen wir, A rufe B hervor. Das ist nur eine Vermutung und eine um so schwächere, je weniger wir einen nachprüfbaren Grund für den Kausalzusammenhang angeben können.
Wenn der Wecker klingelt, geht die Sonne auf.
Deswegen?
Wir alle laufen mit einer bestimmten Vorstellung von Ereigniszusammenhängen herum, die man Kausalität nennt. Ich vermute, daß wir dieses Konzept einer Erfahrung nachgebildet haben, die uns Menschen seit eh und je die geläufigste ist: die Erfahrung des eigenen Handelns. Im Kapitel «Irren ist menschlich» war davon bereits die Rede (man denke an Joans Füße). Das eigene Handeln bildet eine Art «Ur-Kausalität»; indem wir handeln, rufen wir Ereignisse hervor. Handlungen haben erkennbare Folgen: Ich schlage einen Stein auf die Kokosnuß, und sie bricht entzwei. Dieses Erfahrungsmuster prägt die Wirklichkeit in unserem Kopf, wir rekonstruieren: Ein Ereignis A ruft ein Ereignis B hervor.
Mir ist bekannt, daß dies den umstrittenen Standpunkt des «philosophischen Realismus» einschließt: Es gibt, dieser Ansicht zufolge, eine Welt «da draußen», außerhalb unserer Vorstellung, die *nicht* erst von unserem Denken konstruiert wird. Über diesen Standpunkt

rümpfen viele Gebildete die Nasen, und etliche Philosophen heißen ihn «naiven Realismus» (obwohl auch sie ihn gern vertreten, wenn sie gerade mal nicht philosophieren). Falls Sie der Meinung sind, die Außenwelt sei nur eine Konstruktion Ihres Geistes, dann können wir uns ja vielleicht auf folgendes einigen: Wenn ich von etwas spreche, das ich für real halte, dann dürfen Sie ruhig annehmen, daß meine Person, dieses Buch und alles, was ich beschreibe, letztlich Ihre Erfindung ist. *Der Witz ist, daß Ihre erfundene Welt hier genauso funktioniert wie meine Realität.*

Erinnern wir uns an die Keksdose, in der drei Kekse liegen, ein Schokokeks, ein Zuckerkeks und ein Öko-Dinkelkeks. Wir hatten gesehen, daß die beiden Ereignisse «blindes Herausfischen eines Schokokekses» und «blindes Herausfischen eines Öko-Kekses» keineswegs unabhängig voneinander sind: Bekomme ich erst den Schokokeks in die Finger, bleiben nur noch zwei Kekse in der Dose, und dann gilt

$$p(\text{blindes Herausfischen eines Öko-Kekses}) = \tfrac{1}{2}$$

Wir dürfen also nicht rechnen:

$$p(\text{Schoko und Öko}) = p(\text{Schoko}) \cdot p(\text{Öko}) = \tfrac{1}{3} \cdot \tfrac{1}{3} = \tfrac{1}{9}$$

sondern wir rechnen

$$\begin{aligned} p(\text{Schoko und Öko}) &= p(\text{Schoko}) \cdot p(\text{Öko wenn Schoko}) \\ &= \tfrac{1}{3} \cdot \tfrac{1}{2} = \tfrac{1}{6} \end{aligned}$$

sowie

$$\begin{aligned} p(\text{Schoko und Öko}) &= p(\text{Öko}) \cdot p(\text{Schoko wenn Öko}) \\ &= \tfrac{1}{3} \cdot \tfrac{1}{2} = \tfrac{1}{6} \end{aligned}$$

Es gibt zwei Wege, «Schoko und Öko» zu erreichen. Rechnen wir ihre Wahrscheinlichkeiten zusammen, dann beträgt die Wahrscheinlichkeit des Ergebnisses «Schoko und Öko» $\tfrac{1}{6} + \tfrac{1}{6} = \tfrac{1}{3}$.

Der Ausdruck «p(Schoko wenn Öko)» beschreibt eine *bedingte Wahrscheinlichkeit*. In Zukunft schreiben wir «p(B wenn A)» als

$$p(B \mid A)$$

und meinen damit: die Wahrscheinlichkeit des Ereignisses B, wenn A vorliegt. Beispiele:

$$p(\text{Schoko} \mid \text{Öko})$$
$$p(\text{nasse Straße} \mid \text{Regen})$$

p(Rauch | Feuer)
p(Nuß kaputt | Schlag auf Nuß)
p(Wirkung | Ursache)

Was wir Ursache A und Wirkung B nennen, läßt sich demnach auch als bedingte Wahrscheinlichkeit p(B | A) ausdrücken, die wir uns im Kopf – nach unserem Handlungsmodell «Aktion → Wirkung» – als «Kausalzusammenhang» veranschaulichen.
Angenommen, ich verabrede mich zu einem «blind date», also mit einer Frau, die ich überhaupt noch nicht kenne. Es könnte eine Annelie sein, eine Beate, Corinna, Dora... oder eine Zenzi. Bei einigen würde ich mich augenblicklich verlieben, bei anderen vielleicht, bei den meisten nicht. Wie hoch ist die Wahrscheinlichkeit, daß ich mich verliebe?
Zunächst der einfachere Fall: kein «blind date», sondern eine Verabredung mit Zenzi, die mir allerdings nur namentlich bekannt ist. Die Wahrscheinlichkeit, daß ich mich verliebe, hängt von zwei Faktoren ab: von Zenzis Erscheinen und davon, wie sehr sie mich bestricken wird (dieser Faktor hängt natürlich von allerlei Unterfaktoren ab, die Sie allerdings nichts angehen), folglich (Multiplikationsregel):

$$p(\heartsuit) = p(\heartsuit) | \text{Zenzi kommt}) \cdot p(\text{Zenzi kommt})$$

Jetzt das «blind date». Der Einfachheit halber nenne ich die Ereignisse des Erscheinens verschiedener Damen $A_1, A_2, \ldots A_n$. Nach Anwendung der Additionsregel (bei einander ausschließenden A und B)

$$p(\text{A oder B}) = p(A) + p(B)$$

drückt sich die Chance, mich in irgendeine «blind date»-Partnerin zu verlieben, folgendermaßen aus:

$$p(\heartsuit) = p(\heartsuit | A_1) \cdot p(A_1) + p(\heartsuit | A_2) \cdot p(A_2) + \ldots + p(\heartsuit | A_n) \cdot p(A_n)$$

Diese Formel können wir mit Hilfe eines ganz bestimmten Zeichens abkürzen. Das Zeichen sieht geradezu gemeingefährlich mathematisch aus, nämlich so:

$$\sum_{j=1}^{n}$$

Das Σ ist ein griechischer Buchstabe namens *sigma* (nämlich «S») und steht in der Mathematik für «Summe». Dieses Summenzeichen stammt noch aus einer Zeit, als Mathematiker keine Computer hatten, und symbolisiert eine kleine Folge von Anweisungen:

- Lasse j nacheinander die Werte von 1 bis n annehmen
- Rechne den auf «Σ» folgenden Ausdruck für jedes einzelne j aus
- Summiere die Einzelergebnisse.

Mit Hilfe dieses Summenzeichens können wir die Formel aus einem Lämmerschwanz in etwas Eleganteres verwandeln, nämlich in

$$p(\heartsuit) = \sum_{j=1}^{n} p(\heartsuit \mid A_j) \cdot p(A_j)$$

Dasselbe ein bißchen seriöser, nämlich ohne die Herzchen, ausgedrückt:

$$p(B) = \sum_{j=1}^{n} p(B \mid A_j) \cdot p(A_j)$$

Sie kennen damit nun die *«Formel der totalen Wahrscheinlichkeit»*. Sie beschreibt, wie eine bestimmte «Wirkung» B aus bestimmten «Ursachen» A_1 bis A_n hervorgeht, und ist ausgesprochen nützlich.

Nehmen wir an, ich treffe mich zu einem «blind date», über dessen mögliche Konstellationen mir jedoch eine undichte Stelle in der Agentur Informationen verschaffen konnte. In der Kartei der Agentur sind außer mir nur drei Personen: Anna, Ziegmute und Paul. Die Chance, daß sich die Leute in der Agentur vertun und Paul zum Treffpunkt beordern, soll $1/15$ betragen, also

$$p(\text{Paul}) = 1/15$$

und für p(Anna) und p(Ziegmute) gelte jeweils $7/15$. Die Chance, daß ich mich in Paul verliebe, sei $1/100$, also

$$p(\heartsuit \mid \text{Paul}) = 1/100$$

im übrigen gelte

$$p(\heartsuit \mid \text{Anna}) = 3/10 \text{ und}$$
$$p(\heartsuit \mid \text{Ziegmute}) = 1/10$$

Wie groß ist meine Chance, mich zu verlieben?

$$p(\heartsuit) = p(\text{Paul}) \cdot p(\heartsuit|\text{Paul}) + p(\text{Anna}) \cdot p(\heartsuit|\text{Anna}) + p(\text{Ziegmute}) \cdot p(\heartsuit|\text{Ziegmute})$$

$$= \frac{1}{15} \cdot \frac{1}{100} + \frac{7}{15} \cdot \frac{3}{10} + \frac{7}{15} \cdot \frac{1}{10}$$

$$= \frac{1}{1500} + \frac{21}{150} + \frac{7}{150}$$

$$= \frac{1}{1500} + \frac{280}{1500}$$

$$= \frac{281}{1500}$$

und das ist knapp unter einem Fünftel.

Rückschlüsse: Die universelle Formel der Wissenschaft

Bisher haben wir Schlüsse der folgenden Art betrachtet:

$$p(\text{nasse Straße}) = p(\text{nasse Straße}|\text{Regen}) \cdot p(\text{Regen})$$
$$p(B) = p(B|A) \cdot p(A)$$

Um auf die Wahrscheinlichkeit eines Ereignisses B zu schließen, nutzten wir unser Wissen um zwei Faktoren:

- $p(B|A)$, also die Wahrscheinlichkeit, daß A das Ergebnis B nach sich zieht, und
- $p(A)$, die Wahrscheinlichkeit des Eintretens von A.

Jetzt geht es um Rückschlüsse: Schlüsse von der «Wirkung» auf die «Ursache», Schlüsse vom Jetzigen auf Früheres. Solche Schlüsse sind die Profession des Detektivs, des Wissenschaftlers, des neugierigen Nachbarn, der Kandidatin in der Ziegenshow, kurz: jedes wißbegierigen Beobachters. Wir suchen also etwas ganz Fundamentales. Das machen wir gründlich und schrecken wieder einmal vor Formeln nicht zurück.
Wir fassen die Tatsache B, die wir kennen, als eventuelles Zeichen für eine Ursache A auf und fragen: Wie sicher ist das Vorliegen von A, wenn B vorliegt, also

$$p(A|B) = ?$$
$$p(\text{Öko}|\text{Schoko}) = ?$$
$$p(\text{Regen}|\text{nasse Straße}) = ?$$
$$p(\text{Feuer}|\text{Rauch}) = ?$$

$$p(\text{Schlag auf Nuß} \mid \text{Nuß kaputt}) = ?$$
$$p(\text{Ursache} \mid \text{Wirkung}) = ?$$

Wir werden uns den Luxus erlauben, $p(A \mid B)$ gleich *zweimal* herzuleiten: erst *formal* und dann, indem wir einige *inhaltliche* Gedanken über das Schließen in eine Formel übertragen. Wenn Sie der Formelkram nicht interessiert, dann springen Sie zu Seite 121 über.
Zunächst kümmern wir uns um einen wichtigen Baustein und beäugen noch einmal die *bedingte Wahrscheinlichkeit*. Im Keks-Beispiel galt

$$p(\text{Schoko und Öko}) = p(\text{Schoko}) \cdot p(\text{Öko} \mid \text{Schoko})$$

und

$$p(\text{Schoko und Öko}) = p(\text{Öko}) \cdot p(\text{Schoko} \mid \text{Öko})$$

was wir auch so schreiben können:

$$p(A \text{ und } B) = p(A) \cdot p(B \mid A) = p(B) \cdot p(A \mid B)$$

Genau so wie diese Gleichung muß unser Baustein beschaffen sein. Wir können diesen hier noch nicht verwenden, denn bei «Öko und Schoko» ging es nicht um Ursachen und Wirkungen, sondern um die *wechselseitige* Bedingung der Chancen «p(Schoko)» und «p(Öko)». Gilt die Gleichung auch, wenn A due Ursache von B ist, nicht aber umgekehrt?
Um das herauszufinden, wandeln wir das Urnen-Beispiel von Seite 40 ein wenig ab:

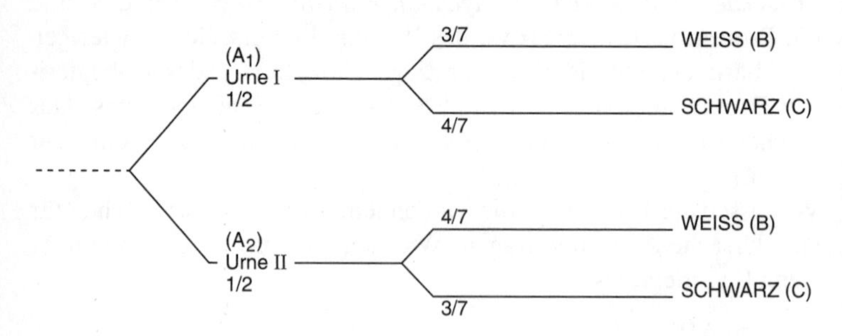

Dieses Mal hängen die Chancen für B (= weiße Kugel) entscheidend davon ab, ob die Kugel aus der Urne I (A_1) oder der Urne II (A_2) gezogen wurde. Wieder fragen wir nach

$$p(A_1 \text{ und } B) = ?$$

Das Diagramm lehrt:

$$p(A_1 \text{ und } B) = p(A_1) \cdot p(B|A_1)$$

Ein Teil des Bausteins ist schon mal gefunden. Jetzt der nächste. Wir stellen uns vor, jemand ziehe eine Kugel, ohne daß wir hinsehen, und meldet: «Die Kugel ist weiß.» Wie groß ist die Chance, daß sie aus der Urne I kommt, also die Chance für A_1 unter der Bedingung B,

$$p(A_1|B) = ?$$

Hier hilft die Urformel «$P(A) = N_A/N$». N ist diesmal die Menge aller Ergebnisse B, also aller möglichen Ziehungen einer weißen Kugel; N_A ist die Menge aller möglichen Ziehungen einer weißen Kugel aus der Urne I, also «A_1 und B». Somit:

$$p(A_1|B) = \frac{A_1 \text{ und } B}{B}$$

Da eine Multiplikation mit 1 nichts ändert, dürfen wir den Bruch im Zähler *und* im Nenner mit 1/x multiplizieren. Als x wählen wir jetzt *die Menge sämtlicher möglichen Ergebnisse im Urnenspiel* und bekommen

$$p(A_1|B) = \frac{(A_1 \text{ und } B) \cdot 1/x}{B \cdot 1/x}$$

Nun ist, wieder gemäß der Urformel,

$$(A_1 \text{ und } B)/x = p(A_1 \text{ und } B)$$

sowie

$$B/x = p(B)$$

so daß

$$p(A_1|B) = \frac{p(A_1 \text{ und } B)}{p(B)}$$

und das läßt sich umformen in

$$p(A_1 \text{ und } B) = p(A_1|B) \cdot p(B)$$

Jetzt haben wir beide Bausteine beisammen. Und nun eine Rechnung nach folgendem Muster:

$$a \cdot b = c = d \cdot e$$
$$a \cdot b = d \cdot e$$

also

$$b = \frac{d \cdot e}{a}$$

Einverstanden? Dasselbe harmlose Spielchen treiben wir jetzt mit den Formeln für B und A_1:

$$p(B) \cdot p(A_1|B) = p(A_1 \text{ und } B) = p(A_1) \cdot p(B|A_1)$$
$$p(B) \cdot p(A_1|B) = p(A_1) \cdot p(B|A_1)$$

also

$$p(A_1 | B) = \frac{p(A_1) \cdot p(B | A_1)}{p(B)}$$

Nun holen wir die Formel der «totalen Wahrscheinlichkeit» hervor, sie lautete

$$p(B) = \sum_{j=1}^{n} p(B|A_j) \cdot p(A_j)$$

und die setzen wir in die soeben abgeleitete Gleichung ein:

$$p(A_1 | B) = \frac{p(A_1) \cdot p(B | A_1)}{\sum_{j=1}^{n} p(B | A_j) \cdot p(A_j)}$$

Das sieht ja monströs aus. Doch wenigstens haben wir eine Gleichung, die eine Aussage macht über die Wahrscheinlichkeit, mit der B ein Hinweis auf die Existenz von A_1 ist. Im Falle unseres Urnenspiels:

$$p(A_1 | B) = \frac{1/2 \cdot 3/7}{(3/7 \cdot 1/2) + (4/7 \cdot 1/2)} = \frac{3}{7}$$

Um die monströse Formel in den Griff zu bekommen, verlassen wir jetzt den mathematischen Pfad und versuchen, sie nach inhaltlichen Überlegungen aufzubauen.
Eine erste Überlegung zeigt, daß $p(A_i|B)$ eine Steigerung von $p(A_i)$

ist: Wenn ich vermute, daß Zenzi sich außer mit mir auch mit Anton oder August trifft (Ereignis (A_i), dann mag das eine Gewißheit von $p(A_i) = 0{,}4$ haben – doch wenn ich Herren-Parfüm an ihr bemerke (Ereignis B), dann gehe ich vielleicht von $p(A_i|B) = 0{,}9$ aus.
Mein Verdacht gegen Zenzi wird mithin von folgenden Faktoren beeinflußt:

- B (sie duftet nach Herren-Parfüm).
- Mein ganz allgemeiner Verdacht, daß sie sich heimlich mit Anton oder August trifft, $p(A_i)$.
- Die Wahrscheinlichkeit, daß Anton oder August sich vor einem Treffen mit Zenzi parfümieren und sich der Duft auf sie übertragen würde, $p(B|A_i)$.

Kann ich also die Formel aufstellen:

$$p(A_i|B) = p(B|A_i) + p(A_i)?$$

Nein. Diese Formel ist *falsch*. Wir wissen:

$$p(A_i) = N_{Ai}/N$$

N_{Ai} ist die Zahl der Fälle, in denen A_i zustande kommt (in unserem Fall: heimliche Schäferstündchen mit Anton oder August). In jedem dieser Fälle ruft A_i das kompromittierende Ereignis B mit der Wahrscheinlichkeit $p(B|A_i)$ hervor:

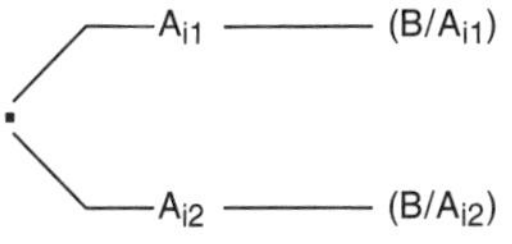

A_{i1} ——— (B/A_{i1})

A_{i2} ——— (B/A_{i2})

Aus zwei A_i's ergeben sich zwei $(B \mid A_i)$'s. Deshalb müssen wir in unserer Formel den Term

«$p(B|A_i) + p(A_i)$»

durch

«$p(B|A_i) \cdot p(A_i)$»

ersetzen. Wir bekommen

$$p(A_i|B) = p(B|A_i) \cdot p(A_i)$$

Zurück zu Zenzi. Ich habe noch nicht alles erwogen, was für oder gegen sie spricht (aus meiner Gockel-Perspektive, versteht sich).

Vielleicht stammt der Geruch von Agnes, die sich auch mit Herren-Parfüm einsprüht? Oder vom Friseur oder von jemand anderem?
Die Antwort auf $p(A_i|B) = ?$ hängt von folgenden Faktoren ab:

(1) Wie wahrscheinlich ist überhaupt ein A_i, wenn wir über B nichts wissen, $p(A_i) = ?$
(2) Wie sicher produziert ein A_i ein B, $p(B|A_i) = ?$
(3) Welche Ursachen (*irgendwelche* A's) kann B haben?

Versuchen wir einmal, das alles in eine Formel zu fassen, wobei A_j alle A's sind, zu denen als speziell interessierende Fälle die A_i's gehören. Was halten Sie von

$$p(A_i|B) = pB|A_i) \cdot p(A_i) - p(B|A_j)?$$

Der zweite Teil, das

«$-p(B|A_j)$»

ist falsch. «$-p(B|A_j)$» ist die Wahrscheinlichkeit, daß B von irgendeinem A (einem A_j) hervorgerufen wird – wenn ein A_j vorliegt. Und da wir nicht immer wissen, ob ein A_j vorliegt, müssen wir den Ausdruck

«$p(B|A_j) \cdot p(A_j)$»

bilden. Ist also

$$p(A_i|B) = p(B|A_i) \cdot p(A_i) - [p(B|A_j) \cdot p(A_j)]$$

richtig?
Nein, immer noch nicht!
Die eben gebildete Formel würde bedeuten:
$p(A_i|B) = p(A_i$ ist Ursache von B$) - p(A_j$ ist Ursache von B$)$ und das ist Quatsch, denn A_j schließt A_i ein. Wir können unseren Term

«$p(B|A_j) \cdot p(A_j)$»

nicht *abziehen*, sondern müssen durch ihn *dividieren*. Die (beinahe) richtige Formel lautet dann:

$$p(A_i|B) = \frac{p(B|A_i) \cdot p(A_i)}{p(B|A_j) \cdot p(A_j)}$$

Sie ist nur «beinahe» richtig, weil wir noch präziser ausdrücken wollen, daß A_j nicht ein einzelnes A meint, sondern daß wir alle Fälle von

A, also alle möglichen Ursachen von B, einbeziehen wollen. Wir kommen damit zu

$$p(A_i|B) = \frac{p(B|A_i) \cdot p(A_i)}{\sum_{j=1}^{n} p(B|A_j) \cdot p(A_j)}$$

also wieder das Monstrum von Seite 118. Ein ausgesprochen mächtiges Monstrum: Es gibt an, mit welcher Gewißheit wir eine Beobachtung B als Hinweis auf eine Ursache A_i ansehen dürfen (siehe Seite 122f).

Dies ist eine Formel für den Wissensgewinn auf Basis von Beobachtungen. Eine Formel für das Wechselspiel von Empirie und Theorie. Eine universelle Formel der Wissenschaft, der Erfahrung, des Zugewinns von Ansichten.

Na, wenn das nichts ist.

Wir werden sie ein paarmal anwenden, auch auf das Ziegenproblem.

Die Erkenntnisformel des Thomas Bayes

Pascal, Bernoulli$_{1,2} \ldots_n$, Laplace – die Wegbereiter der Wahrscheinlichkeitstheorie sind Berühmtheiten. Auch der presbyterianische Priester Thomas Bayes (1702–1761) ist nicht vergessen, wenn auch weniger prominent als jene. Dabei zeichnet Bayes für unser Monstrum, die «universelle Formel»

$$p(A_i|B) = \frac{p(B|A_i) \cdot p(A_i)}{\sum_{j=1}^{n} p(B|A_j) \cdot p(A_j)}$$

verantwortlich. Bayes war Priester einer Dissidentensekte und Mathematiker zugleich. Nach seinem Tode fand ein anderer Mathematiker ein unveröffentliches Papier des Priesters, überschrieben «Versuch über die Lösung eines Problems der Wahrscheinlichkeitstheorie». In diesem legendären Essay findet sich unsere Formel.

Die Vorgehensweise mit Hilfe der Formel:

Gesucht wird die Wahrscheinlichkeit, daß die Hypothese A_i richtig ist. Um das herauszufinden, führen wir ein Experiment durch. Das Ereignis des Experiments ist B. Wie sicher dürfen wir von B auf A_i

schließen? Wir können diese Sicherheit bestimmen, wenn uns die anderen Faktoren der Formel bekannt sind:

- $p(B \mid A_i)$ = die Wahrscheinlichkeit, daß die Richtigkeit der Hypothese A_i das experimentelle Resultat B nach sich zieht.
- $p(A_i)$ = die Wahrscheinlichkeit von A_i, bevor wir das Experiment begonnen hatten (*a-priori-Wahrscheinlichkeit*).
- $\sum_{j=1}^{n} p(B \mid A_j) \cdot p(A_j)$ = die Wahrscheinlichkeit, daß eine der mir bekannten möglichen Ursachen das experimentelle Resultat hervorgebracht hat.

Die Bayes'sche Formel hilft uns also, Hypothesen anhand neuer Beobachtungen zu überprüfen. Sie ist eine Formel für die «Beweiswürdigung», wie Juristen das nennen. Dazu ein Beispiel.

Ein farbenblinder Zirkuselefant steht vor fünf Urnen:
2 Urnen vom Typ A_1 mit je 2 weißen und 3 schwarzen Bällen,
2 Urnen vom Typ A_2 mit je einem weißen Ball und 4 schwarzen,
1 Urne vom Typ A_3 mit 4 weißen Bällen und einem schwarzen Ball.
Der Elefant rüsselt sich einen Ball aus einer Urne. Der Ball ist weiß (Ereignis B). Wie groß ist die Wahrscheinlichkeit, daß der Ball aus der Urne vom Typ A_3 stammt?
Die a-priori-Wahrscheinlichkeit beträgt:

$$p(A_3) = 1/5 \text{ (eine von fünf Urnen)}$$

Außerdem wissen wir:

$$p(B \mid A_3) = 4/5 \text{ (vier von fünf Bällen)}$$

Das sind also die Werte, die in den Zähler der Bayes'schen Formel gehören. In den Nenner gehören:

$$\begin{array}{ll} & p(A_1) \cdot p(B \mid A_1) = 2/5 \cdot 2/5 = 4/25 \\ \text{plus} & p(A_2) \cdot p(B \mid A_2) = 2/5 \cdot 1/5 = 2/25 \\ \text{plus} & p(A_3) \cdot p(B \mid A_3) = 1/5 \cdot 4/5 = 4/25 \end{array}$$

Wir haben also

$$p(A_3 \mid B) = (4/25)/(10/25) = 4/25 \cdot 25/10 = 100/250 = 2/5$$

ahrscheinlichkeit der Wirkung B, wenn Ursache Ai vorliegt · Wahrscheinlichkeit der Ursache Ai unabhängig von irgendeiner Beobachtung

umme der Wahrscheinlichkeiten aller Entstehungsprozesse von B aus sämtlichen möglichen Ursachen Aj

Ebenso können wir die Wahrscheinlichkeiten für A_1 und A_3 ausrechnen. Das funktioniert übrigens nicht nur bei Elefanten. Es kann auch eine fehlerhafte Türfüllung im Automobilwerk sein, und der Werkstattmeister will herausfinden, welche Maschine zuerst überprüft werden sollte.

Rückschlüsse in der Medizin

Angenommen, es gäbe einen Test zur Diagnose der Krätze, und wir nennen ihn den K-Test. Dieser K-Test soll eine Zuverlässigkeit von 98 Prozent in beide Richtungen haben: Er bescheinigt 98 Prozent der Gesunden, daß sie krätzefrei sind. Unsere zweite Annahme lautet, daß einer von tausend Einwohnern Ihres Einzugsgebiets die Krätze hat. Sie unterziehen sich einem Test – und zu Ihrem Schrecken eröffnet Ihnen der Arzt, daß er «positiv» ausgefallen sei, also die Krätze angezeigt habe. Wie groß ist die Gefahr p(K), sie wirklich zu haben?

$$p(K|POS) = \frac{p(POS|K) \cdot p(K)}{p(POS|\text{nicht}\,K) \cdot p(\text{nicht}\,K) + p(POS|K) \cdot p(K)}$$

das ergibt

$$= (0{,}98 \cdot 0{,}001) \;/\; (0{,}02 \cdot 0{,}999 + 0{,}98 \cdot 0{,}001) = 0{,}047$$

Sie dürfen also in Maßen optimistisch sein. Unterziehen Sie sich einem zweiten Test! Allerdings müssen Sie mit dem Wert $p(K) = 1/1000$ vorsichtig umgehen. Vielleicht liegt er in Ihrer Berufsgruppe höher, vielleicht liegt er bei Leuten mit Ihrem Freizeitverhalten (pardon) anders. Beträgt er $1/100$, dann ist $p(K|POS) = 0{,}33$, und das ist immerhin eine Wahrscheinlichkeit von einem Drittel.
Hier war von der Krätze die Rede, einer relativ harmlosen Krankheit. Auf Zahlenspielereien mit AIDS habe ich verzichtet; für die Bewertung von HIV-Tests sind aber just solche Überlegungen relevant.
Wenn sich jemand einer Krebsvorsorge unterzieht, ist es außerordentlich wichtig zu wissen, ob irgendwelche Symptome bereits auf Krebs hindeuten. Zwei identische Mammographien können verschie-

dene Wahrscheinlichkeiten ausdrücken, daß eine Patientin Brustkrebs hat: Eine Patientin, die bis dahin keinerlei Symptome zeigte, hat bessere Chancen als eine Patientin, die aufgrund bestimmter Symptome zum Arzt geht, das sagt schon der gesunde Menschenverstand. Es wird vermutet, daß viele Ärzte die Bedeutung dieser a-priori-Wahrscheinlichkeiten unterschätzen. Das muß nicht unbedingt dazu führen, daß sie zu selten operieren – es kann auch umgekehrt sein: Erfahrungen mit Patientinnen, bei denen Symptome und positive Test-Ergebnisse zusammenkommen, können ein falsches Bild der Signifikanz von Krebs-Tests hervorrufen, wenn die höhere a-priori-Wahrscheinlichkeit (Symptome!) nicht berücksichtigt wird.

Ziegen im Weltraum

Die Bayes'sche Formel hat ihre Tücken. Um die einzelnen Ausdrücke in der Formel

$$p(A_i|B) = \frac{p(B|A_i) \cdot p(A_i)}{\sum_{j=1}^{n} p(B|A_j) \cdot p(A_j)}$$

ausfüllen zu können, ist allerhand Vorwissen vonnöten. Schon die a-priori-Wahrscheinlichkeit $p(A_i)$ muß ja irgendwoher kommen. Die Formel legt also nicht bei einem Nullpunkt los, geht nicht von einer «tabula rasa» aus, sondern *setzt Wissen oder wenigstens Schätzungen voraus*. Das gefällt etlichen Theoretikern nicht, denn es widerspricht ihrem Ideal von objektiver, vor-urteils-freier Wissenschaft. Für sie gibt es nur die Urformel

$$p(A) = \frac{N_A}{N}$$

und die Bayessche Formel lassen sie lediglich als Hilfsmethode gelten, subjektive Schätzungen angesichts von Beobachtungen zu verändern. Wir sind nun bei einer der klassischen Streitfragen der Wahrscheinlichkeitstheorie gelandet.
Mit praktischen Folgen. Wenn ein Wahlforscher, der «Bayesianer» ist, für eine Partei Erhebungen anstellt, dann wird der in Interviews mit dem Auftraggeber eine a-priori-Wahrscheinlichkeit herauszufinden suchen. Ein klassischer Statistiker hingegen würde sofort mit sei-

nen Stichproben-Untersuchungen beginnen und sich nicht um a-prioris scheren.
Bei Licht besehen bleiben allerdings nicht viele Fälle übrig, in denen Anfangsschätzungen unerheblich sind. Fast immer, ob in naturwissenschaftlichen Experimenten, in der Soziologie oder sonstwo, gibt es Informationen zu a-priori-Wahrscheinlichkeiten, und es wäre unklug, sie nicht zu berücksichtigen. Beispiele:

ZIEGENFACHMANN
Ein Zoologe (Fachgebiet: Ziegen) behauptet, er könne das Meckern einer Schraubenziege von dem einer Bezoarziege unterscheiden. Wir bringen ihn in den Zoo – just zu dem Gehege, in dem beide Arten herumlaufen. Zehnmal Meckmeck: und jedesmal liegt der Mann richtig. Er scheint etwas davon zu verstehen, schließen wir.

HELLSEHER
Ein Betrunkener prahlt damit, er könne beim Münzenwerfen vorhersagen, ob «Kopf» oder «Zahl» oben liegen wird. Wir lassen ihn zehnmal weissagen und werfen die Münze: stets behält er recht.

Und nun? Das Test-Ergebnis ist in beiden Fällen gleich. Wächst jetzt unser Zweifel an dem Zoologen, attestieren wir dem Trunkenbold eine außersinnliche Wahrnehmung, *oder berücksichtigen wir unsere vorherigen Ansichten*, wonach sich Ziegen-Fachleute möglicherweise auf meckernde Geräusche verstehen, aber selbst im himmlischsten Rausch die Wahrscheinlichkeit fürs Hellsehen extrem gering bleibt?
Letzteres ist die alltägliche Methode der Wissenschaften. Was nicht etwa heißt, das Vorurteil zu adeln – *gerade mit der Bayes'schen Formel läßt sich der Prozeß beschreiben, in dem Vorurteile eliminiert werden: Die $p(A_i|B)$, die wir herausbekommen, geht in die Bewertung der nächsten Beobachtung als a-priori-Wahrscheinlichkeit $p(A_i)$ wieder ein. Das Gewicht der «ersten» a-priori-Wahrscheinlichkeit reduziert sich mehr und mehr, je öfter wir die Welt beobachten und unsere Beobachtungen bewerten. Dafür gibt es auch ein einfaches Wort: Lernen.*
Noch einmal anders ausgedrückt: Was liegt einer subjektiven Schätzung zugrunde? Beobachtungen. Wir haben die Schätzung S, zum Beispiel «Im Wald gibt es Ameisen». Diese Aussage resultiert aus Beobachtungen. Trivial? Nicht ganz. Was liegt vor der letzten Beobachtung B? Ebenfalls eine Schätzung, nämlich S_{-1}, nur war sie nicht

ganz so gewiß wie S. Der Schätzung S_{-1} lag gleichfalls eine Beobachtung B_{-1} zugrunde – und weiter geht es im S-B-S-B-Spiel, bis wir zur ersten Beobachtung oder zur ersten Schätzung kommen. Was kann der Inhalt der ersten Beobachtung sein? In unserem Beispielsfall (wie in allen anderen Fällen) ließe sich die Kette zurückverfolgen bis zur ersten Begegnung des Menschen mit der Außenwelt:

REPORTER: «Was hatten Sie gleich nach der Geburt für einen Eindruck von der Welt?»
KARL VALENTIN: «Als ich die Hebamme sah, die mich empfing, war ich sprachlos. Ich hatte diese Frau in meinem ganzen Leben noch nicht gesehen.»

Aber die Geburt ist ja nicht einmal der Anfang, es gibt bereits vorgeburtliche Erfahrungen – also Beobachtungen und deren Verarbeitung im Fötus. Hier handelt es sich um «Beobachtungen» und «Schätzungen» in einem sozusagen embryonalen Sinn. Der Embryo «schätzt» natürlich nicht, bildet aber sehr wohl neuronale Verbindungen heran, die aus einem Wechselspiel seines genetischen Programms mit seiner Umwelt entstehen. Sein genetisches Programm ist gewissermaßen sein $p(A_i)$, die Reize seiner Umwelt sind die B's. Was ist das erste $p(A_i)$? Sind es Mechanismen der Eizelle? ... aber vor denen gab es doch auch etwas?
Längst sind wir bei Kettengliedern angekommen, die uns im Erkenntnisalltag nicht mehr weiterhelfen. Daraus folgt: Wir dürfen die Bayessche Formel tatsächlich als Instrument verstehen, mit dem wir an einem beliebigen Punkt unseres lebenslangen Lernprozesses ansetzen. Davor liegt zwar dann immer schon ein Wechselspiel von Beobachtung und Lerneffekten, doch jetzt, mit Bayes' Hilfe, können wir dies Wechselspiel bewußt betreiben. Es gibt keinen «absoluten Anfang» des Denkens (nach dem viele Philosophen der letzten Jahrhunderte gesucht hatten) – wer *bewußt denken* will, muß *einfach irgendwo anfangen*.
Den Ausgangspunkt können sogar willkürliche Annahmen über A_i bilden: Selbst wenn ich erstmal annehme, daß die Sonne eine Nase hat, dürfte ich nach wiederholten Beobachtungen dazu kommen, «p(die Sonne hat eine Nase)» für ausgesprochen gering zu halten. Nach Ansicht des amerikanischen Philosophen Charles S. Peirce läßt sich «Realität» als das definieren, worin sich alle Beteiligten einer Kommunikation trotz verschiedener Ausgangspunkte letztlich einig

werden, wenn sie sich nur immer an Regeln wie die Bayes'sche halten.

Ein schöner Test auf Redlichkeit in wissenschaftlichen Disputen ist die Frage: «Unter welchen Bedingungen würden Sie von Ihrer Theorie abrücken?» – stellen Sie die Frage mal einem überzeugten Homöopathen. Wer keinen Zweifel an seiner Hypothese A_i zuläßt, also $p(A_i) = 1$ setzt, muß für alle anderen konkurrierenden Hypothesen $p(A_j) = 0$ setzen, mit der Folge, daß von der Bayes'schen Formel nur noch dies übrig bleibt:

$$p(A_i|B) = \frac{p(B|A_i) \cdot 1}{p(B|A_i) \cdot 1} = 1$$

Das bedeutet: Egal, was der Dogmatiker beobachtet, sein Dogma gilt für alle Fälle. Übrigens auch, wenn er auf der Falschheit einer Hypothese absolut beharrt, also $p(A_i) = 0$ setzt:

$$p(A_i|B) = \frac{p(B|A_i) \cdot 0}{\sum_{j=1}^{n} p(B|A_j) \cdot p(A_j)} = 0$$

Dogmen sind unwiderlegbar. Das ist die Definition des Dogmas (sie ist unwiderlegbar).

Ein anderer Umgang mit den a-priori-Wahrscheinlichkeiten galt lange Zeit als völlig unproblematisch: Das «Prinzip des unzureichenden Grundes». Es besagt, daß wir für Annahmen, deren Gewißheit wir nicht beurteilen können, «Gleichwahrscheinlichkeit» unterstellen dürfen. Der französische Mathematiker Siméon-Denis Poisson (1781–1840) meinte gar, jedem Angeklagten dürfe schon mal eine a-priori-Schuld von ½ unterstellt werden.

Zu welchen unsinnigen Schlüssen dieses «Prinzip» führen kann, zeigt folgende Beweisführung:

Die Wahrscheinlichkeit, daß es irgendwo im Weltall Lebewesen von der Art unserer Angora-Ziegen gibt, beträgt nach dem Prinzip des unzureichenden Grundes ½. Die Wahrscheinlichkeit, mit der es sie *nicht* gibt, beträgt deshalb ebenfalls ½. Gleiches gilt für die Nichtexistenz von Kaschmir-Ziegen, nubischen Ziegen, Saanen-Ziegen, Toggenburg-Ziegen – es gilt, sagen wir, für zwanzig verschiedene Ziegenarten. Nun berechnen wir die Wahrscheinlichkeit, daß keine dieser Ziegenarten ein Pendant im All hat:

$$p(\text{keine extraterrestrischen Ziegen}) = \left(\frac{1}{2}\right)^{20}$$

$$= {}^{1}/_{1.048.576}$$

Mit anderen Worten: Die Chance ziegenartigen Lebens auf anderen Planeten beträgt

$$1 - \frac{1}{1.048.576}$$

und das ist fast eins – also so gut wie gewiß!

Intelligenz im All?

Das «Prinzip des unzureichenden Grundes» erwies sich selbst als unzureichend. An die Stelle informierten Ratens setzt es die willkürliche Annahme einer Fifty-fifty-Wahrscheinlichkeit, ein Versuch, Unentschiedenheit als sportliches «Unentschieden» zu deuten. Vielleicht ist das eine Heuristik, eine Daumenregel, die sich in einigen Fällen bewährt, sie bleibt jedoch tückisch. Im Ziegenproblem durften wir annehmen, daß der Moderator stets dann, wenn die Kandidatin mit ihrer Erstwahl richtig lag, mit $p = ½$ die zweite oder dritte Tür öffnet – einfach deswegen, weil der Fall für irgendeine Tür-Präferenz des Moderators nichts hergab. Jede andere Annahme wäre künstlicher und bemühter als diese und gehörte deshalb unter «Ockhams Rasiermesser».

Vor dreißig Jahren ersann der Physiker Frank Drake eine Formel, mit der er die Zahl außerirdischer Zivilisationen, zu denen wir innerhalb unserer Galaxis Kontakt aufnehmen können, schätzen wollte. Die Drake'sche Formel bildet noch heute die Basis des SETI-Programms der US-Raumfahrtbehörde NASA, also der systematischen Suche nach Außerirdischen (SETI = *S*earch for *E*xtra-*T*errestrial *I*ntelligences):

$$N = N_* \cdot f_p \cdot n_e \cdot f_l \cdot f_i \cdot f_c \cdot f_L$$

N ist die gesuchte Zahl. N_* ist die Zahl der Sterne unserer Galaxis. f_p ist der Anteil der Sterne mit Planeten, n_e die Zahl der Welten (Planeten, Monde), auf denen Leben entstehen kann. f_l bezeichnet den Anteil der Welten, auf denen Leben entstehen kann, das wiederum Leben hervorbringt, f_i den Anteil der Biosphären mit intelligentem Leben, f_c wiederum den Anteil der Intelligenzen, die Kommunikationstechnik entwickeln. f_L steht für den durchschnittlichen Anteil der Lebensdauer intelligenter Zivilisationen an der gesamten Zeit, in der eine Welt existiert.

Die Bestandteile der Formel sind, gelinde gesagt, schwer zu schätzen. Manche Leute nehmen $f_p = 0{,}33$ an, aber bisher hat noch niemand Planeten anderer Sterne entdeckt. Was sollen wir von n_e halten? Wir können uns noch nicht einmal vorstellen, welche verschiedenen Formen des Lebens möglich sein könnten, weshalb f_l zu schätzen noch eine Umdrehung abenteuerlicher ist. f_i birgt gleichfalls Probleme. Nicht jede Biosphäre, in der intelligentes Leben entstehen kann, führt notwendigerweise zu Intelligenzen – nur dann, wenn sie einen Überlebensvorteil hätten. Die Evolution nimmt nicht jede Chance wahr, sondern bringt stets nur die jeweils etwas bessere Lösung hervor. f_c? Unsereins geht selbstverständlich mit Kommunikationsmitteln um – aber es ist keineswegs ausgemacht, daß intelligente Wesen stets derartige Prothesen benötigen. Postmodernes Dudelradio und Gaga-TV wenigstens lassen daran zweifeln, daß Intelligenz und Kommunikationstechnik notwendig zusammengehören. f_L schließlich weist uns darauf hin, daß intelligente Lebensformen nicht den Endpunkt der Entwicklung darstellen – ihre Welten gehen wieder unter, und vielleicht setzen sie ihrer Art selbst ein Ende.

Nun schätzen Sie mal N.

① ② ③

Das Ziegenproblem – vierte Runde

Wenden wir das Gelernte auf das Ziegenproblem an: Die Kandidatin hat Tür eins gewählt, der Moderator öffnet Tür drei (alles, wie gehabt, «ohne Beschränkung der Allgemeinheit») – wie groß ist die Chance, daß Tür zwei die Autotür ist, also $p(A2)$? Die Kandidatin hat die Beobachtung M3 gemacht und rechnet mit Bayes:

$$p(A2|M3) = \frac{p(M3|A2) \cdot p(A2)}{p(M3|A2) \cdot p(A2) + p(M3|A1) \cdot p(A1) + p(M3|A3) \cdot p(A3)}$$

Die Werte der einzelnen Ausdrücke:

$p(M3 \mid A2) = 1$ (denn der Moderator kann jetzt nur Tür 3 öffnen)
$p(A2) = p(A1) = p(A3) = \frac{1}{3}$ (denn das Auto wird gleich wahrscheinlich verteilt)
$p(M3 \mid A1) = \frac{1}{2}$ (denn der Moderator wählt zwischen 3 und 2 zufällig aus)
$p(M3 \mid A3) = 0$ (denn der Moderator will das Spiel ersichtlich nicht beenden)

Setzen wir die Ausdrücke ein:

$$p(A2|M3) = \frac{\frac{1}{3}}{\frac{1}{3} + \frac{1}{6}} = \frac{1}{3} \cdot 2 = \frac{2}{3}$$

Gegenprobe:

$$p(A1|M3) = \frac{p(M3|A1) \cdot p(A1)}{p(M3|A1) \cdot p(A1) + p(M3|A2) \cdot p(A2) + p(M3|A3) \cdot p(A3)}$$

$$= \frac{\frac{1}{6}}{\frac{1}{6} + \frac{1}{3}} = \frac{1}{6} \cdot 2 = \frac{1}{3}$$

Also ist die Wahrscheinlichkeit, das Auto hinter der nichtgewählten und vom Moderator nicht geöffneten Tür zu finden, doppelt so groß – nun sagt es auch Pater Bayes: Wechseln ist besser.

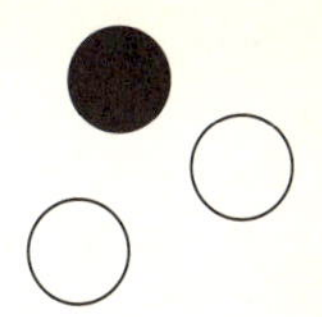

Widerlege dich selbst!

Selbstbestätigung: Strahlenrisiko, Vollmond, Parawissenschaft

Wir stellen eine Hypothese auf und testen sie – das ist der beste Weg, um zu Erkenntnissen über die Außenwelt zu gelangen. «Testen» muß aber heißen: überprüfen, auf die Probe stellen, herausfordern. Materialprüfer belasten ihre Proben mit schweren Gewichten, pressen sie zusammen, ziehen sie auseinander, werfen sie mal ins Wasser, mal ins Feuer und gießen Säure drüber.
Es ist leider nicht unsere Art, mit Hypothesen ähnlich rigide zu verfahren.
Gäbe es keine Meinungsverschiedenheiten mit anderen Menschen, würde jeder seine eigenen Hypothesen hätscheln. In jenen Überzeugungssystemen, die nicht jede Hypothese zum Beschuß freigeben, findet genau dies statt: Es gibt großartigen Meinungsstreit um Interpretationen, nicht jedoch um die wichtigsten, nämlich grundlegenden Theorien (die «Hypothesen» zu nennen bereits als Ketzertum oder Revisionismus gilt).
Vor Ihnen liegen vier Karten, auf jeder erkennen Sie ein Zeichen:

A, T, 4, 7

Sie sollen folgende Hypothese prüfen: «Wenn ein Vokal auf der einen Seite ist, dann trägt die andere Seite der Karte eine gerade Zahl.» Zwei Karten dürfen Sie umdrehen. Welche sehen Sie sich an?
Es handelt sich hier um den «Wason-Test» (nach P. C. Wason), der in der experimentellen Psychologie wohlbekannt ist. Die meisten Menschen drehen A und 4 um.
Es ist vernünftig, mit A anzufangen, denn stünde auf der Rückseite eine ungerade Zahl, wäre die Hypothese schleunigst widerlegt. Doch wenn eine gerade Zahl zu sehen ist – was dann? Drehen Sie die 4 um und entdecken Sie einen Vokal auf der Rückseite, dann ist die Hypothese noch besser erhärtet, zugegeben. Aber wenn nun die 4 auf der

Rückseite einen Konsonanten trägt? Dann ist nichts erreicht, denn die Hypothese besagt *nicht*: «Wenn eine gerade Zahl oben liegt, steht auf der Rückseite ein Vokal.» *Sie können mit «4» die Hypothese nicht widerlegen* – wohl aber mit «7».

Woran mag es liegen, daß A und 4 favorisiert werden? Es könnte sein, daß «Wenn Vokal dann gerade Zahl» versehentlich so verstanden wird, als ob es «Wenn gerade Zahl dann Vokal» einschlösse. Eine andere Erklärung lautet, daß die meisten Menschen eher nach Gelegenheiten suchen, eine Hypothese zu bestätigen, als sie zu widerlegen.

In einem zweiten Test teilte Wason seinen Versuchspersonen mit, er denke sich eine Regel, nach der sich Gruppen von je drei ganzen Zahlen bilden lassen (wir nennen sie «Tripel»). Sodann nannte er ein Beispiel: «2, 4, 6». Nun sollten die Probanden selbst Tripel bilden; nach jedem Tripel wurde ihnen mitgeteilt, ob es der Regel entspräche. Erst wenn sie sich der Regel ganz sicher seien, so wurden sie ermahnt, sollten sie diese auch nennen. Und lagen sie falsch, durften sie dennoch weitermachen. Die stumme Regel R des Test-Leiters lautete: «Zahlen in aufsteigender Reihenfolge».

Spielen Sie das einmal mit Ihren Bekannten! Sie werden staunen – fast alle werden mit dem Ausdruck größter Gewißheit zunächst eine falsche Hypothese äußern, und eine beachtliche Minderheit wird überhaupt nicht auf die stumme Regel kommen. Wieso? Wasons Versuchspersonen hatten ihr Experiment zu protokollieren, und dies kam heraus: Die meisten fixierten sich ziemlich bald auf die Regel R_1 «Zahlen in nach gleichen Intervallen aufsteigender Reihenfolge». Sie formten jede Menge Tripel wie

1 2 3   10 12 14   10 50 90   111 222 333 usw.

und sahen sich Mal für Mal bestätigt – bis sie «sicher» wurden. *Nie hatten sie versucht, ihre Hypothese wirklich zu belasten*, sie auf die Probe zu stellen, sie zu widerlegen (etwa mit 10 17 19). Wasons Kritiker (die Pistoleros!) bemerken übrigens zu Recht, die Regel R_1 der Probanden sei nicht wirklich falsch, sondern nur zu speziell: R schließe R_1 ein. Das ändert jedoch nichts daran, daß sie mit Hilfe härterer Tests, also unregelmäßig aufsteigender Tripel, R hätten herausfinden können.

Wir sehen unsere Ansichten lieber bestätigt als herausgefordert. Ende 1991 veröffentlichten die zwei Forscher Gideon Koren und

Naomi Klein aus Toronto (Kanada) eine Untersuchung darüber, wie nordamerikanische Zeitungen zwei Studien über Gefahren nuklearer Strahlen behandelt hatten. Die Studien waren gleichzeitig im *Journal of the American Medical Association* publiziert worden und galten als gleichermaßen gesichert. Studie eins wies eine um 63 Prozent gestiegene Leukämie-Rate unter den Beschäftigten des «Oak Ridge National Laboratory» nach. Studie zwei zeigte, daß Anlieger von Atomkraftwerken kein erhöhtes Krebsrisiko trugen. Siebzehn große Tageszeitungen schrieben über die Studien, doch neun von ihnen verschwiegen das Resultat der Studie zwei, und die meisten anderen erwähnten es nur kurz. Lediglich drei Zeitungen gaben beiden Ergebnissen gleiches Gewicht.

Die Grenze zur Verfälschung ist fließend. Kürzlich verlautbarte der Nationale Forschungsrat der USA, die «drei sichersten Jahre» der großen amerikanischen Luftfahrt-Unternehmen seien in den Zeitraum der letzten zwölf Jahre seit der Deregulierung gefallen – 1986 sei nur eine Person bei einem Flugzeugunglück gestorben, 1980 und 1984 keine einzige. Na wunderbar, aber was geschah 1985, 1988 und 1989? Es verunglückten 525, 274 und 276 Passagiere, wie der britische *New Scientist* herausfand.

Wenn ein Wissenschaftler tausendmal dasselbe Experiment ausführt, in zehn Fällen interessante Resultate erzielt und nur diese publiziert, dann wäre das in Anbetracht der anderen 990 Fälle eine grobe Verfälschung. Leider geschieht das immer wieder. Daten, die einem nicht passen, fallen unter den Tisch.

Der schon erwähnte Journalist Alfie Kohn hat sich mit der Frage beschäftigt, wie sicher die landläufige These, wonach der Vollmond auf die Psyche wirke, eigentlich belegt ist. Es stellte sich heraus, daß in den meisten Studien *kein* Zusammenhang entdeckt worden war – doch nur die wenigen, die einen Zusammenhang herstellten, fanden ihren Weg in die Presse. Nicht anders ist es mit Studien über Psychokinese (das Bewegen von Gegenständen durch Gedankenkraft) und Wünschelruten: Lediglich die paar, deren Autoren «etwas» zu erkennen glauben, taugen für Schlagzeilen.

Daten ohne Erklärungswert: Astrologie und Zahlenmystik

Unter den heutigen Parawissenschaftlern findet man Leute, die riesige Datenberge beklettern und immer wieder mit auffälligen Verteilungsstrukturen zurückkehren. Manche ihrer Daten sind seriös – nur, die Hypothesen sind es nicht. Daten sind nämlich nicht alles, wenn wir Erkenntnisse gewinnen wollen. Zu den Mindestvoraussetzungen wissenschaftlicher Hypothesen gehören Widerspruchsfreiheit, Eindeutigkeit, Konsistenz mit bisherigem Wissen (jedenfalls teilweise), Verzicht auf ungewisse Zusatz-Hypothesen (Ockham!) – ein recht konservatives Programm.

Es ist jedoch elastisch: Revolutionäre Hypothesen sind zulässig, sie müssen nur besonders gut hergeleitet und experimentell überprüfbar sein. Wer hingegen Hypothesen aufstellt wie «Es gibt geheimnisvolle Seelenkräfte» oder «nur durch Ruten nachweisbare Erdstrahlen», bietet keine Theorie an, er verweigert vielmehr eine solche. Noch so viele statistische «Signifikanzen» helfen ihm nicht weiter – denn sie sind gar kein «Signum», kein Zeichen, es gibt nichts, worauf sie zeigen. Auf welche Art Einfluß der Sterne sollen beispielsweise Zusammenhänge zwischen Sternbildern und Schicksalen hinweisen? Sollte das Licht der Weg ihres Einflusses sein, dann würde dies nur für Geburten unter nächtlichem Sternenhimmel gelten. Die Masse-Anziehungskraft der Sterne wiederum wird selbst von einer mageren Hebamme um ein Vielfaches übertroffen.

Ohne sinnvolle Theorien sind Daten wertlos (außerdem glauben wir Wassermänner sowieso nicht an Horoskope.)

Diagramme mit Würfel-Ergebnissen zeigen gleichfalls Zusammenhänge und Muster, dennoch stellt niemand eine Hypothese über die «Musterkraft des Würfels» auf (oder doch?).

Es läßt sich statistisch nachweisen, daß die Zahlen 1 bis 9 in der Tagespresse nicht gleichermaßen mit $p = 1/9$ vorkommen, sondern daß die Wahrscheinlichkeit ihres Auftretens von 1 bis 9 sinkt, selbst wenn man Datumsangaben wegläßt. Ist das ein Fingerzeig auf die Gültigkeit einer Geheimlehre, nach der die Zahlen 1 bis 9 die Spanne vom Reinen zum Unreinen repräsentieren, das Reine sich gegen das Unreine durchsetzt (was zugleich die Existenz eines Höchsten Reinen Wesens beweist)...? Wohl kaum. Eine bessere Erklärung ist vielleicht diese: Mit Zahlen drücken wir oft einen Wert zwischen einer

Minimalzahl und einer Maximalzahl aus – etwa Zeugnisnoten von eins bis sechs oder Gewichtsangaben von eins bis hundert, Kapitel von eins bis acht oder Seitenzahlen von eins bis sechzehn. Fällt Ihnen etwas auf? In diesen Fällen zählen wir unterschiedlich hoch, aber mit eins, zwei, drei... müssen wir stets anfangen, weshalb die niedrigeren Zahlen insgesamt wahrscheinlicher sind.

Ich habe diese Idee nicht so durchgeprüft wie das Ziegenproblem, vielleicht liege ich falsch. Aber sie ist immerhin eine Hypothese, die rational diskutiert werden kann, anders als die Zahlenmystik (die sehr verbreitet ist: noch 1990 gaben 24 Prozent der vom Allensbacher Institut befragten Personen an, auf die Zahl 13 zu achten, weil sie eine besondere Bedeutung haben könnte).

Zahlenmystik ist indiskutabel. Insofern ist Wissenschaft undemokratisch: *Theorien sind keineswegs gleichberechtigt*, vor den Daten sind *nicht* alle gleich.

Von Albert Einstein weiß man, daß ihn an seiner Allgemeinen Relativitätstheorie die innere Schlüssigkeit und Eleganz überzeugten, und diese Eigenschaften waren es auch, die ihr zum Durchbruch verhalfen. Den späteren experimentellen Nachweis (Beugung des Lichts durch massereiche Sterne) hatte er zwar vorhergesagt, gleichwohl hielt er ihn nicht für entscheidend.

Dogmatische Wahrscheinlichkeit: Ist die Erde auch ganz bestimmt keine Scheibe?

«Den Ausgangspunkt können sogar willkürliche Annahmen über A_i bilden: Selbst wenn ich erst mal annehme, daß die Sonne eine Nase hat, dürfte ich nach wiederholten Beobachtungen dazu kommen, ‹p(die Sonne hat eine Nase)› für ausgesprochen gering zu halten» – so steht es auf Seite 126. Was soll das bitteschön heißen – daß die Sonne mit einer Wahrscheinlichkeit von 1–p letztlich *doch* eine Nase hat? Das wäre lächerlich.

Eben. Es gibt Wahrscheinlichkeiten, die so gering sind, daß es bereits lächerlich ist, sie überhaupt Wahrscheinlichkeiten zu nennen. In bestimmten Fällen gilt uns eine Wahrscheinlichkeit, die *dicht bei* null liegt, *als* null: Die Erde ist keine Scheibe. In bestimmten anderen Fällen gilt uns eine Wahrscheinlichkeit, die dicht bei eins liegt, als eins: Die Erde dreht sich um die Sonne (fast ein Fünftel der Bevölkerung im Westen der Bundesrepublik weiß oder glaubt dies freilich nicht – laut einer Allensbach-Umfrage von 1991).

Außerdem gibt es Fälle, in denen wir «Wahrscheinlichkeiten» von null und eins bereits in die Definitionen einbauen: «Zwei plus zwei sind vier (für mittlere Werte von zwei)» steht es auf die Wand eines mathematischen Instituts gesprüht. Daß Elektronen negative Ladungsträger sind, ist ebenfalls absolut gewiß – sie sind es nämlich *per definitionem* (erinnern Sie sich noch an die Definition des Dogmatismus auf Seite 127?).

Anhänger der Parawissenschaften treten gern im Gewand des Skeptikers auf, der uns belehrt: «Es gibt keine Gewißheit, im Grunde ist alles möglich, und was heute als sicher gilt, wird morgen verlacht.» Manche Ethnologen fügen an: «Für uns Westler ist gewiß, daß es keine Feuergeister gibt, doch in anderen Völkern gelten unsere Naturgesetze als wüste Erfindungen.» Das klingt sehr aufgeklärt, pluralistisch und demokratisch und ist dennoch eine dogmatische Geisteshaltung, nämlich «Reduktionismus». Ein Reduktionist ist *nichts als* jemand, der die Wendung «nichts als» zu oft gebraucht.

Dem dogmatischen Marktwirtschaftler ist die Wirtschaftstheorie nichts als die mehr oder weniger entschiedene Anerkennung des Markt-Ideals als Inbegriff von Freiheit und Rationalität (die Kritik am Markt-Ideal eingeschlossen). Dem dogmatischen Marxisten ist die Geschichte nichts als die Geschichte von Klassenkämpfen (die Geschichte der Kritik des Marxismus eingeschlossen). Der dogmatische Psychoanalytiker erblickt im menschlichen Verhalten nichts als die Entäußerung tiefenpsychologischer Prozesse (das Verhalten seiner Kritiker eingeschlossen). Dem Dämonologen ist die Welt nichts als der Kampf des Guten gegen die dämonischen Kräfte (insbesondere der Kampf gegen die Kritik an der Dämonologie).

Dem dogmatischen Ethnologen ist jede Überzeugung nichts als das Produkt einer bestimmten Kultur. Dem dogmatischen Skeptiker ist jeder Satz der Wissenschaft *nichts als* eine Wahrscheinlichkeitsaussage. Er behauptet, die Gewißheit ihrer Sätze unterschieden sich in nichts als dem Grad des Unwahrscheinlichen – eine 0,99-Wahrscheinlichkeit ist ihm tatsächlich bloß 0,49 Punkte wertvoller als eine 0,50-Wahrscheinlichkeit.

Nur in der Theorie, versteht sich. Auch der dogmatische Skeptiker setzt sich mit dem üblichen Vertrauen in seinen Lehnsessel (wo doch – vielleicht? vielleicht? – ein böser Geist schon an der Feder nagt).

Im Umgang mit der Bayes'schen Formel konnten wir sehen, wie sich Hypothesen durch wiederholte Beobachtungen verändern, zuweilen auch festigen. Wissen hat eine Geschichte, das gilt auch für die Wissenschaften. Der Verlauf dieser Geschichte ist fürwahr verschlungen, und doch gibt es wenigstens auf diesem Gebiet etwas, das wir «Fortschritt» nennen dürfen: eine fortschreitende Erkenntnis, einen Zuwachs an Wissen.

Neues Wissen entwertet altes Wissen keineswegs immer, sehr oft ist letzteres in ersterem gut aufgehoben und gilt als richtige Beschreibung eines Spezialfalls. Was die Entwicklung des menschlichen Wissens vom Roulette unterscheidet, in dem jede Zahl (jede Hypothese) die gleiche Chance bekommt, ist das Gedächtnis – denn anders als die Glücksmaschine hat die Wissenschaft sehr wohl eines. Hier bekommt nicht alles gleiche Gültigkeit – etwa deshalb, weil alles auch als Wahrscheinlichkeitssatz formuliert werden könnte.

Was ein Satz bedeutet, so lehrte Charles Sanders Peirce, ergibt sich daraus, welche Aktionen er nach sich zieht (Aktionen können neue Sätze oder auch Handlungen sein). Die relative Gewißheit des Satzes «Die Erde ist keine Scheibe» ist so groß, daß wir ihn in unseren Folge-Sätzen oder Folge-Handlungen als Satz von absoluter Gewißheit behandeln – und das ist mehr als eine Fiktion, es ist der «wahre Wahrscheinlichkeitswert» dieses Satzes. Zum ernsthaften Umgang mit Wahrscheinlichkeiten gehört auch die Fähigkeit, ihr Maß zu bewerten.

«Die Erde ist keine Scheibe» – solche Sätze heißen «Null-Hypothesen». Leider sind sie nicht absolut beweisbar – in dem Sinne, daß $p(A) = 0$ absolut wasserdicht ist. Doch sind die Anhänger der «Flat Earth Society» (es gibt sie wirklich, und zwar in den USA) hoffnungslos im Unrecht, wenn sie die winzige Differenz zwischen p(flache Erde) und null auszubeuten versuchen.

Vielleicht hat die Sonne ja doch eine Nase? Wer so denkt, hat keinen Sinn für das Maß der Wahrscheinlichkeit und kann deshalb auf unwahrscheinlich maßlosen Unsinn kommen.

«Denken Sie, daß vielleicht doch etwas daran ist, daß es Hexen gibt?» fragt das Allensbacher Institut für Demoskopie alle Jahre wieder. Im Jahre 1956 antworteten sieben Prozent mit «vielleicht», 1989 waren es dreizehn Prozent. Was für ein «vielleicht» soll das sein? Kein vernünftigeres jedenfalls als das «bestimmt», mit dem 1989 immerhin drei Prozent antworteten.

Ein blindes Huhn findet auch einmal ein Korn

Das sichere Roulette-System

Das Roulette hat kein Gedächtnis. In jedem Spiel hat jede Zahl die gleiche Chance. Nichtsdestoweniger glauben viele Spieler an Systeme, an Regeln, die ihre Gewinnchancen verbessern.
Das klassische Roulette-System heißt «Martingale». Der Spieler wettet eine Mark; verliert er, so wettet er zwei Mark; verliert er diese, so wettet er vier Mark; verliert er wieder, dann setzt er acht Mark – gewinnt er jetzt, so hat er eins + zwei + vier = sieben Mark verloren, acht Mark gewonnen und damit einen Gewinn von einer Mark gemacht. Jeder aufsummierte Verlust wird also durch den nächsten Gewinn wieder wettgemacht. Wer das System durchhält, kann nicht verlieren.
Dennoch verdienen Casinos viel Geld mit Roulette – weil niemand das Martingale-System durchhalten kann, es sei denn, er habe unendlich viel Geld, um Verluste in beliebiger Höhe zwischendurch (und in der Hoffnung auf den nächsten Gewinn) verkraften zu können. Allenfalls Wahrscheinlichkeitsmathematiker verfügen über einen unbegrenzten Münzvorrat, und der ist bloße Illusion (was völlig in Ordnung ist, denn sie werfen ja auch nur in ihrer Vorstellung mit Geld um sich).
Das Beispiel ist lehrreich: Es zeigt, daß mit dem Einzug einer bestimmten Größe alles anders wird – nämlich mit der *Unendlichkeit*.
Denken wir uns eine Folge von Zahlen, die nie zu einem Ende kommt – und in der jede Ziffer rein zufällig auftritt. Wie wahrscheinlich ist es, daß diese Ziffernfolge irgendwann einmal Ihre Telefonnummer enthält?
Es ist gewiß!
Angenommen, Ihre Telefonnummer ist sechsstellig, dann dürfen Sie jede Folge von sechs Ziffern als Versuch ansehen, Ihre Telefonnummer abzubilden. Weil die Zahlen zufällig auftauchen, ist die Chance

pro Sechser-Abschnitt nicht sehr groß (nämlich wie groß?). Unsere Ziffernfolge hat jedoch unendlich viele Versuche, und so klein die Chance auch sein mag, sie wird realisiert werden. Nicht nur das, sie wird sogar unendlich oft realisiert, denn auch nach einem «Treffer» finden weitere Versuche statt.

Natürlich können wir uns eine Ziffernfolge auch als eine Folge von zweistelligen Zahlen vorstellen: 345678 kann als 34 56 78 interpretiert werden. Jede dieser zweistelligen Zahlen kann für ein Zeichen stehen, einen Buchstaben zum Beispiel. Wie wahrscheinlich ist es, daß Ihr Name auftauchen wird?

Um Himmels willen. Die Folgerungen sind unermeßlich.

Könnte ich jetzt einen Computer starten, der unentwegt rein zufällige Zahlen ausspuckt (wir werden später sehen, ob das geht), dann wäre es gewiß, *daß er jeden denkbaren Text ausspuckt.*

Zum Beispiel dieses Buch.

Der unsterbliche Affe

Gäbe es ein Wesen, das ewig lebt, zum Beispiel einen heiligen Affen, der blind auf einer Schreibmaschine herumhackt, dann würde dieses Wesen mein Buch schreiben. Existierte das Wesen schon seit Ewigkeit, dann hätte es das Buch (und sämtliche Rezensionen) bereits geschrieben. Und genauso das Buch, das Frau vos Savant zu widerlegen sucht. Oh, wie peinlich, sogar mit meinem Namen auf dem Titel. Und eines mit Ihrem Namen auf dem Titel. Und eines mit Ihrer Telefonnummer auf dem Titel (wie blöd).

Meine komplette Biographie wäre bereits in allen Variationen geschrieben, und Ihre Biographie nicht minder (darunter eine, in der wir beide eine enge Beziehung miteinander eingehen). Sämtliche Kochbücher – grandiose und ekelerregende, jeder nur denkbare Wein (1789er Hamburger Hauptbahnhof, Spätzuglese, abgefüllt von der Deutschen Bundesbahn), alles wäre irgendwo vermerkt.

Der ewige Affe hätte längst alle denkbaren Folgen aus den Zeichen 0 und 1 notiert. Resultat: Alle digitalen CD-Codierungen wären geschrieben, und damit alle ausdenkbare Musik, vom Steinzeit-Trommeln über Bach, Coleman Hawkins, Jimi Hendrix, John Cage bis zu den letzten Tönen der Menschheit – ja: Jedes gesprochene Wort wäre bereits gesprochen, jedes Hörspiel aufgeführt. Nur die Hörspiele?

Bilder lassen sich gleichfalls digital codieren! Der komplette Shakespeare sowie jedes auch nur irgendwie denkbare Theaterstück, von Aischylos bis Ionesco und darüber hinaus, wäre bereits verfilmt.
Jeder Mist wäre schon verfaßt, komponiert, inszeniert (unendlich viel mehr Mist als heute, man stelle sich das vor).
Die Folgen aus 0 und 1 würden auch Computerprogramme enthalten – alle natürlich. Da die Folge unendlich ist, der Affe tippt seit eh und je, ist bereits die Computersimulation des kompletten Weltalls geschrieben. Und jedes möglichen Universums.
Jedes Buch und alle Zeitungen der Zukunft, leider auch alle Zeitungsenten und Zeitungen, die nur aus dem Satz «Alles gelogen» bestehen, und andere Zeitungen, die nichts als p's enthalten. Die unendliche Bibliothek, wäre sie physikalisch möglich, würde niemandem etwas nützen. Gewiß, sie käme auch in einer geordneten Variante vor, aber eben auch in unendlich vielen ungeordneten – niemand hätte eine erwähnenswerte Chance, in endlicher Zeit das Schriftstück zu finden, das er haben will. Und wer wäre in der Lage, auch nur aus zehn minimal voneinander abweichenden Exemplaren der Zeitung von morgen die «richtige» herauszufinden?
Die «Universalbibliothek», wie sich dieser bis auf Jonathan Swift zurückgehende spekulative Alptraum nennt, enthielte alles – und deshalb nichts. «Omnis determinatio est negatio», jede Bestimmung ist eine Negation, schrieb der Philosoph Spinoza (1632–1677) und meinte damit: Wer «A ist x» sagt, sagt eben nicht «A ist y». Unsere Universalbibliothek hingegen enthielte alle Sätze von «A ist a» bis «A ist z». Sie böte keine Überraschung mehr, denn man muß mit allem rechnen (nein, mehr noch: das Auftauchen eines jeden Satzes und eines jeden Nicht-Satzes wäre ja sogar gewiß), und ohne Überraschung gibt es keine Information. Darauf kommen wir noch einmal zurück.
Reizvoll ist auch der Gedanke, es gäbe unendlich viele Affen, jeder mit eigener Schreibmaschine, zum Beispiel in einem unendlichen Universum. Nehmen wir an, sie würden alle gleichzeitig blind auf ihre Maschinen hacken und ihr jeweiliger Abstand zu einem beliebig gewählten Punkt im Raum gäbe die Reihenfolge an, in der die Buchstaben gelesen werden müßten – dann wäre all das oben beschriebene mit einem einzigen «Klack!» fertig. Vollkommen gleichgültig wäre es, von welchem Punkt im Raum der Unendlichkeit wir ausgingen, denn es gäbe ja, wie gesagt, unendlich viele Affen.

Und wenn das Universum in der Zeit unendlich ausgedehnt wäre? Eine Minderheit von Wissenschaftlern hält es für möglich, daß das Universum ewig existieren wird (das sogenannte «offene Universum»). Ein offenes Universum dauert ewig, und weil die Zeit nie abläuft, entsteht genug Raum für Zufälle (was ein Zufall ist, bleibt freilich noch undefiniert). Auch für den Zufall, daß eine Galaxis wie die unsere, eine Sonne wie die unsere, eine Erde wie die unsere, ein Buch wie dieses hier und ein Mensch ganz genau wie Sie entsteht. Streng genommen ist das sogar unvermeidlich – wenn das Universum wirklich offen ist.

Der Erwartungswert des Seelenheils

Wenn wir das Unendliche in unsere Rate-Theorie hineinlassen, kommen wir zu eigenartigen Ergebnissen. Im Jahre 1669 argumentierte Blaise Pascal, der Urahn der Wahrscheinlichkeitslehre: Wie gering wir auch immer die Wahrscheinlichkeit für die Existenz Gottes schätzen mögen – wenn wir auf irdische Genüsse zugunsten religiöser Werte verzichten, dann winkt uns, wenn Er nun doch existiert, unendliche Seligkeit. Der rationale Mensch, folgerte Pascal, opfert seine gesicherten, aber endlichen Vergnügungen des Diesseits, um in den ungesicherten, dann aber unendlichen Genuß des Paradieses zu kommen. Mit dem Erwartungswert berechnet: Der Erwartungswert paradiesischer Freuden E (P) ist

$E(P) = p(\text{Gott existiert}) \cdot \text{Unendliches Glück}$

so daß p(Gott existiert) nur größer als Null zu sein braucht, um den Erwartungswert in unendliche Höhe schießen zu lassen.

In einem gut dreihundert Jahre später erschienenen *‹Lehrbuch der Mikroökonomik›* machen einige deutsche Autoren allerdings geltend, daß die gleichfalls rationale Regel «Minimiere deine möglichen Verluste» zu einem anderen Ergebnis kommt als die Regel «Maximiere deinen Erwartungswert»: Wer im Falle der Nichtexistenz Gottes auf irdische Lust verzichtet, geht am Ende leer aus; wer hingegen den Spatz in der Hand noch rupft und brät, bekommt in jedem Falle etwas. Anders wäre es natürlich, wenn der Ungläubige im Falle der Existenz Gottes selbst gebraten würde, etwa in der Hölle. Mit anderen Worten: Die Erfindung der Hölle war geeignet, noch den berechnendsten Rationalisten vom Weg des Glaubens zu überzeugen.

Charles S. Peirce argumentierte gleichfalls mit dem Unendlichen, um ethische Forderungen herzuleiten. Der Mensch könne nur mit Wahrscheinlichkeiten operieren, und weil sein Leben endlich ist, wandelten sich diese Wahrscheinlichkeiten nie zu Gewißheiten. Wer mit Gewißheiten, etwa denen der Logik, umgehen wolle, müsse daher über sein Leben hinaus – mithin nicht nur im Maßstab der Menschheit, sondern über alle Begrenzungen hinaus – denken lernen: «Derjenige, der seine Seele nicht für die ganze Welt opfern würde, ist, so scheint mir, unlogisch in allen seinen Schlußfolgerungen. Die Logik ist tief im sozialen Prinzip verwurzelt.»

Nun klingt das zwar sehr spekulativ, aber anstatt den Text wörtlich zu interpretieren und zu verwerfen, möchte ich herausstellen, worauf er meiner Ansicht nach hinweist: Das Zusammenwirken von Menschen, ihr Gespräch und ihr Streit, kann die gemeinsamen relativen Gewißheiten aufgrund immer neuer Beobachtungen und Argumente wachsen lassen (jedenfalls dann, wenn man sich im Prinzip über die Methoden einig ist, wie Beobachtungen bewertet werden sollen, zum Beispiel mit Hilfe der Bayes'schen Formel). Das ist der urkommunistische Kern des Ideals einer «scientific community», der kosmopolitischen «Wissenschaftlergemeinde», in der es keine Herrschaft gibt, solange nichts der Kritik entzogen bleibt. Sie war auch die Utopie von Charles S. Peirce: «Wissenschaft als eine die Kooperation suchende Lebensweise». Schön wär's.

Die Gewißheit des Unwahrscheinlichen

Schillers «Glocke», codiert in einer zufälligen Zahlenfolge, ist ein sehr unwahrscheinliches Ereignis, und doch wird es gewiß, wenn die Zufallsfolge ins Unendliche geht.

Betrachten wir jetzt einmal Ereignisfolgen, die zwar nicht unendlich, aber doch sehr, sehr lang sind.

Bei einer sehr großen Zufallsfolge, zum Beispiel von zwei Millionen Ziffern, ist die Chance auf Schillers «Glocke» viel geringer – geradezu lächerlich gering, so gering, daß wir sie nicht ernsthaft zu diskutieren brauchen.

Selbst eine Codierung Ihres Namens in dieser Folge aus zwei Millionen Ziffern ist so unwahrscheinlich (etwa $^{1}/_{180.000.000}$), daß Sie getrost dagegen wetten dürfen.

Andererseits können Sie drei- bis viermal mit Ihrem Geburtsdatum rechnen. Garantieren kann Ihnen das niemand, sonst wäre es keine Zufallsfolge, aber Sie haben gute Chancen, denn auf die Dauer realisiert sich auch das wenig Wahrscheinliche.
Die Gewißheit des Unwahrscheinlichen steigt mit der Zeit an, genauer: mit der Zahl der Versuche. Das hat Konsequenzen.
Je mehr statistische Studien ich unternehme, desto wahrscheinlicher ist es, daß eine von ihnen signifikante Ergebnisse zeigt. Und just die ist es dann, die am meisten publiziert wird, oft als einzige.
Ein gutes Beispiel sind Krebs-Statistiken. Es ist unvermeidlich, daß sie ab und zu Häufungen anzeigen, räumliche Konzentrationen von Erkrankungen. Natürlich hat es Sinn, dem nachzugehen, wenn sich in der Nähe solcher Konzentrationen Industrieanlagen oder bestimmte natürliche Stoffkonzentrationen oder Strahlungen befinden. Um so größer ist zuweilen das Erstaunen, wenn die Erkrankungen zu einer Zeit begonnen haben müssen, als das Atomkraftwerk *noch nicht gebaut* war – oder wenn eine Leukämie-Konzentration an einem *zukünftigen* AKW-Standort auftritt.
Wenn viele Leute das Spielkasino besuchen, wird immer wieder jemand dabei sein, der fortgesetzt Zufallserfolge verbucht, eine «Glückssträhne». Im Jargon der Statistik hieße das, seine Ergebnisse wären «signifikant». Wer eine vernünftige Theorie darüber hat, wie dieser Spieler das Roulette berechnen kann (das hat es schon gegeben), der könnte, durch die Beobachtung getäuscht, seiner Hypothese mehr Gewicht beimessen.
Werden viele Wünschelrutengänger getestet, wird es aus dem gleichen Grund immer wieder «signifikante» Versuchsergebnisse geben. Zwar gibt es keine Theorie der «Mutung», die auf irgendeine Weise mit unserem bisherigen Wissen zusammenhängt, dennoch behaupten manche Leute, die «signifikanten» Resultate deuteten darauf hin, daß irgendwelche «Rutenreaktionen» stattfänden. Erstaunlicherweise hat sich noch niemand die Mühe gemacht, die erfolgreichen Probanden einer eigenen Versuchsserie zu unterziehen.
Im Jahre 1957 veröffentlichte der amerikanische Mathematiker und Journalist Martin Gardner folgende Überlegung. Angenommen, hundert Forscher führen Telepathie-Tests durch, jeder mit einer Versuchsperson. Nehmen wir an, fünfzig von ihnen bekommen Ergebnisse, die über dem durchschnittlichen Zufallserfolg liegen. Sie beginnen ein zweites Experiment, die anderen hören auf. Von den fünfzig

neuen Experimenten liegen 24 über dem Durchschnitt, sie regen zu weiterten Experimenten an. So geht es immer weiter, bis ein Proband übrig bleibt. Er hat sechs- oder siebenmal hintereinander über dem Durchschnitt gelegen. Wenn er und sein Versuchsleiter von den Experimenten mit den anderen Probanden nichts wußten, was werden sie wohl über Telepathie denken?

Der Mathematiker John Allen Paulos beschreibt einen ähnlichen Fall. Stellen Sie sich vor, Sie verschicken 32000 Briefe an potentielle Kapitalanleger. In 16000 Briefen prophezeien sie den Anstieg, in den anderen den Fall eines Aktienkurses. Der zweite Schritt besteht darin, den 16000 Leuten, die Ihren «richtigen» Tip erhielten, wiederum zu schreiben. 8000 Adressaten bekommen den «Bullen»-Tip, 8000 den «Bären»-Tip. Sie treiben dieses Spielchen, bis schließlich 500 Anleger sechs richtige Voraussagen erhalten haben. Denen bieten Sie einen «todsicheren Tip für tausend Mark» an...

Immer wieder tauchen «Analytiker» auf, die über lange Zeit gute Börsentips verkaufen (sie vielleicht gar «astrologisch herleiten»). Bewegungen an der Börse sind nur selten genau vorhersagbar. Doch Hunderttausende versuchen sich daran. Bei so vielen blinden Hühnern muß einfach eines dabei sein, das ständig auf ein Korn trifft.

① ② ③

Das Ziegenproblem – letzte Runde

Bekannte von mir haben sich ein Ziegenspiel aus Streichholzschachteln, Spielzeug-Ziegen und einem kleinen Auto gebastelt. Immer wenn die Diskussionen um das Ziegenproblem festgefahren waren, bauten sie ihr Ziegenspiel auf, vereinbarten eine größere Zahl von Versuchen, und los ging's.
Es soll funktioniert haben. Allerdings ist mir auch ein Fall bekannt, in dem jemand seine Freundin von Frau Savants Lösung überzeugen wollte, allein der Zufall wollte es aber, daß sein Experiment dauernd in die andere Richtung wies.
Wer hilft? Der Computer.
In einem Computerprogramm können wir die Regeln des Ziegenspiels niederlegen und es danach viele tausend Male durchspielen. Das Schöne dabei ist, daß bereits während des Programmierens die Struktur des Problems offenbar wird. Viele Leser hatten mir Programme mitgeschickt und schrieben nicht selten, die Einsicht in die richtige Lösung sei ihnen erst während des Programmierens gekommen.
Folgende Elemente muß ein Programm zum Ziegenproblem enthalten:

- Zufallswahl einer Autotür.
- Zufällige Kandidaten-Erstwahl.
- Moderator öffnet eine Tür, die nicht die Autotür und nicht die gewählte Tür ist.
- Steht das Auto hinter der gewählten Tür: ein Punkt für «Nichtwechseln», sonst ein Punkt für «Wechseln».

Dieses Programm läßt sich beispielsweise für zehn Versuche mit jeweils tausend Durchgängen schreiben und sieht in der Programmiersprache BASIC so aus:

```
10 REM Ziegenproblem, Standardfall
20 PRINT «Moderator darf weder Auto- noch Wahltür öffnen»
30 RANDOMIZE TIMER: REM Der Zufall wird vorbereitet
40 FOR I = 1 TO 10: REM Zehn Versuche
50 R = 0: F = 0: REM Die Zähler R und F werden auf Null ge-
   setzt
60 FOR J = 1 TO 1000: REM Tausend Durchgänge pro Versuch
70 A = INT (3 * RND + 1): REM Zufallswahl der Autotür A
80 W1 = INT (3 * RND + 1): REM Zufällige Erstwahl W1
90 M = INT (3 * RND + 1): REM Moderator will Tür M öffnen
100 IF M = A THEN GOTO 90: REM M darf aber keine Autotür
    sein
110 IF M = W1 THEN GOTO 90: REM M darf auch nicht die ge-
    wählte Tür sein
120 W2 = 6 - M - W1: REM W2 wäre die Tür, zu der nun ge-
    wechselt werden kann
130 IF W2 = A THEN R = R + 1: REM Wenn W2 die Autotür
    ist, ein Punkt für «Wechseln ist richtig»
140 IF W1 = A THEN F = F + 1: REM sonst einen Punkt für
    «Wechseln ist falsch»
150 NEXT J: REM Ende des Durchlaufs
160 PRINT «Wechseln richtig: »; R; «Wechseln falsch: »; F
170 NEXT I: REM Ende des Versuchs
180 END: REM denn einmal muß Schluß sein
```

Ich habe das Programm viele Male durchgespielt. Stets sahen die Ergebnisse ungefähr so wie in diesem letzten Spiel aus:

```
Moderator darf weder Auto- noch Wahltür öffnen
Wechseln richtig: 658 Wechseln falsch: 342
Wechseln richtig: 658 Wechseln falsch: 342
Wechseln richtig: 658 Wechseln falsch: 342
Wechseln richtig: 669 Wechseln falsch: 331
Wechseln richtig: 654 Wechseln falsch: 346
Wechseln richtig: 684 Wechseln falsch: 316
Wechseln richtig: 651 Wechseln falsch: 349
Wechseln richtig: 664 Wechseln falsch: 336
Wechseln richtig: 694 Wechseln falsch: 306
Wechseln richtig: 694 Wechseln falsch: 306
```

Wenn Sie mit diesem Programm gespielt haben, dann werden Sie sicherlich ausprobieren wollen, was geschieht, wenn der Moderator die Autotür, die erstgewählte Tür oder beide Türen öffnen darf. Sie werden die Ergebnisse bestätigt finden, die meine Diagramme auf den Seiten 55f beschreiben (kleine Warnung: Stellen Sie sicher, daß kein Fall doppelt verbucht wird). Eine norwegische Wissenschaftszeitschrift namens FAKTA soll das Ziegenproblem übrigens in umfangreichen und vielfachen Simulationen durchgespielt haben, um noch die letzten Zweifler zu überzeugen.

«Wenn Ihr Programm zu Frau Savants Ergebnis kommt, dann irrt eben Ihr Computer bzw. Ihr Programm», hielt mir ein Leser entgegen. Der Einwand ist im Prinzip zulässig, doch in dem hier abgedruckten Programm ist nichts als das Spiel selbst erfaßt.

König Zufall – Herrscher ohne Land?

Die Monte-Carlo-Methode

In der letzten Runde des Ziegenproblems habe ich Sie zu etwas animiert, das heute zum Alltag der meisten Wissenschaften gehört: ein Modell des zu untersuchenden Problems entwerfen und es dann als Computerprogramm laufen lassen. Just das ist die vielgenannte «Simulation». Computer ermöglichen es, die Konsequenzen von Theorien spielerisch zu ermitteln. In ihren Simulationen lernen die wissenschaftlichen Theorien das Laufen.
Im Ziegen-Computerprogramm (oder Computer-Ziegenprogramm? Sie können 3! Wort-Kombinationen bilden) tauchte mehrfach das Kürzel «RND» auf. Es bedeutet «random», also zufällig. Die Autotür und die erstgewählte Tür wurden zufällig ausgewählt, und zufällig traf auch der «Moderator» die Entscheidung zwischen den zwei nichtgewählten Ziegentüren.
Das ist gleichfalls charakteristisch für viele Simulationen: Sie beziehen den Zufall ein. Eine große Zahl natürlicher Vorgänge kann nur durch mathematische Gleichungen beschrieben werden, deren allgemeine Lösungen praktisch unerreichbar bleiben, weil sie zu kompliziert sind. Doch seit es leistungsfähige Computer gibt, können Wissenschaftler immerhin viele zufällig gewählte Einzelfälle solcher Gleichungen durchrechnen. Sie füttern die Gleichungen mit Zahlen, die der Computer zufällig aus einem bestimmten Intervall herausgreift. (Kann er das überhaupt? Wir werden sehen.)
Die Simulation mit Hilfe von Zufallszahlen trägt einen einprägsamen Namen, sie heißt «Monte-Carlo-Methode». In der Tat könnte auch ein Roulette die Zufallszahlen liefern. Seriöse Mathematiker gehen natürlich nicht ins Casino, sondern in die Bibliothek, wo sie sich Tabellen mit Zufallszahlen beschaffen, oder sie werfen ihren Computer an, auf daß er die gewünschten Zahlen ausspucke.
Mit Hilfe einer solchen Tabelle läßt sich zum Beispiel das «Geburtstagsparadox» simulieren. Wie immer die Ziffern der Tabelle auch ge-

ordnet sein mögen, wir können sie als Folge dreistelliger Zahlen lesen. Jede dreistellige Zahl zwischen 001 und 365 gilt uns als ein Geburtstag (anderslautende Tripel wie «545» streichen wir einfach), und nun zählen wir, wie oft derlei Geburtstage in einer Folge von 24 Tripeln vorkommen. Mit Hilfe eines Computers ginge das wesentlich schneller. Wir können beispielsweise tausend Folgen aus je 24 Tripeln checken, sie entsprächen tausend Parties mit jeweils 24 Teilnehmern. Gähn.

Bereits im Jahre 1773 ging der französische Naturforscher Georges-Louis Leclerc de Buffon (1707–1788) nach einer Monte-Carlo-Methode vor, als er den Wert für die Zahl Pi (π geschrieben)[1] herleitete. Er warf eine Nadel immer wieder auf ein gestreiftes Tischtuch, und zwar so, daß ihre Lage ganz dem Zufall überlassen blieb (wie er das wohl gemacht hat?). Buffon zählte die Male, in denen die Nadel einen Streifen traf, und stellte fest: Wenn die Länge der Nadel (l) nicht größer ist als der Abstand (a) zwischen den Streifen, dann beträgt die Wahrscheinlichkeit, daß die Nadel einen Streifen trifft, $(2 \cdot l)/(a \cdot \pi)$. Der einfachere Fall, in dem die Nadel genauso lang ist wie der Streifenabstand, ergibt sogar den bildschönen Ausdruck p(Treffer) = $2/\pi$. Je häufiger wir werfen, desto dichter kommen wir also an $2/\pi$ heran und können daher um so genauer π ermitteln.

Ein italienischer Mathematiker namens Lazzerini soll im Jahre 1901 eine derartige Nadel 3408mal geworfen haben. Sein Resultat für π betrug 3,1415929, was ja nicht gerade weit weg vom echten π ist, also von 3,1415926... Der russische Mathematiker Boris Gnedenko hat ausgerechnet, wie wahrscheinlich es ist, daß Lazzerini sein extrem genaues Ergebnis mit Hilfe reinen Zufalls gewonnen hat: «weniger als $1/30$».

«Seine Heilige Majestät der Zufall»

Der Zufall ist zu einem Instrument der Wissenschaft geworden. Aber das ist längst nicht alles. Fast alle Wissenschaften erkennen Wahrscheinlichkeit und Zufall als Charakteristika ihres Forschungsgegenstandes an. Ungültig geworden ist das Diktum des Aristoteles, die Wissenschaft befasse sich nur mit Ursachen und nicht mit Zufällen.

1 Die Zahl Pi gibt das Verhältnis des Kreisumfangs zum Kreisdurchmesser an, und zwar bei allen Kreisen.

Was ist Zufall, was verbirgt sich hinter diesem Begriff?
Ist er nur Ausdruck unseres Unwissens oder eine Eigenschaft bestimmter Vorkommnisse, die prinzipiell ungewiß sind? Ist ein zufälliges Ereignis stets *nur für uns* zufällig, oder gibt es auch nicht-kausale Ereignisse, die ganz einfach plötzlich da sind, ohne Vorläufer-Ereignisse, mit denen sie sich ankündigen?
Dies sind die entgegengesetzten Positionen innerhalb der Diskussion um den realen Zufall.
Der klassische Determinist nimmt an, alle Ereignisse seien durch ihre Ursachen mit absoluter Genauigkeit bestimmt; Zufall ist für ihn nur der Ausdruck unseres Unwissens über diese Ursachen, Wahrscheinlichkeit das Maß dieses Unwissens. Wir können den Fall der Roulette-Kugel nur deshalb nicht exakt bestimmen, weil wir nicht alle Vorgänge berechnen können, die auf sie einwirken. Laplace faßte diesen Standpunkt zusammen: Ein Wesen, das alles wüßte, könnte jedes zukünftige Ereignis mit Gewißheit vorhersagen (es ist bekannt geworden als «Laplace'scher Dämon»). Wie Laplace waren auch die anderen Begründer der Wahrscheinlichkeitstheorie knallharte Deterministen. Natürlich haben sie nie behauptet, der Mensch könne zum Laplace'schen Dämon werden.
Auf der anderen Seite steht der Indeterminismus. Seine Vertreter behaupten entweder, wenigstens in einigen Bereichen der Realität regiere der Zufall, oder sie erklären die gesamte Welt zum Reich des Zufalls, der sich freilich stets innerhalb der Bahnen von gewissen Wahrscheinlichkeiten bewege – in dem Sinne, daß es beispielsweise höchst unwahrscheinlich ist, daß mir der Kaffee aus der Kanne an die Zimmerdecke statt in die Tasse fließt (zu diesem höchst praktischen Problem werde ich später eine deterministische Überlegung vorstellen).
«Je älter man wird», schrieb Friedrich der Große im Jahre 1773 an Voltaire, «desto mehr überzeugt man sich davon, daß Seine Heilige Majestät der Zufall die Geschäfte von drei Vierteln dieses traurigen Universums führt» – wen wird er gemeint haben, den «Zufall aus Nichtwissen» oder den «echten Zufall»?

Computerzufälle

Die ominösen Zufallszahlen wurden schon erwähnt. Wo kommen sie her? Aus Computern? Doch gerade im Computer ist nichts «rein zufällig».
Komplexe Computerprogramme sind oft so schwer zu durchschauen, daß ihr Verhalten nur noch erraten werden kann. Zwar sind sie völlig durchformalisiert, doch die Wissenschaft ist längst dazu übergegangen, ihre Zuverlässigkeit in Wahrscheinlichkeiten zu beschreiben. Das statistische Abschätzen von Fehlermengen ist bereits eine eigene Forschungsdisziplin geworden.
Die verbreitete Schätzmethode der «Fehlersaat» klingt zwar plausibel, hinterläßt aber ein ungutes Gefühl: Programmierer streuen künstliche Fehler in eine Kopie des zu bewertenden Programms. Alsdann macht sich ein anderes Team auf die Fehlersuche. Sein Abschlußprotokoll wird schließlich so gelesen: Die Zahl der echten Fehler X verhält sich zu der Zahl der eingebauten Fehler Y wie die Zahl der erkannten echten Fehler U zur Zahl der erkannten eingebauten Fehler V:

$$X/Y = U/V$$

was wir umformen können zu

$$X = Y \cdot U/V$$

und diese Gleichung ist leicht lösbar, denn Y, U und V sind ja bekannt.
Vorausgesetzt wird allerdings, daß alle Fehler mit gleicher Wahrscheinlichkeit erkannt werden können – eine willkürliche Annahme. Außerdem können Software-Fehler höchst unterschiedliche Wirkungen haben: Manche stören nicht weiter, andere lassen den Rechner verrückt spielen.
Schwer zu erraten ist auch der Zeitpunkt, wann sich ein Fehler bemerkbar macht. Als das IBM-Forschungslabor in Yorktown Heights im US-Bundesstaat New York eines der großen Programme des Computerkonzerns unter die Lupe nahm, stellte es fest, daß mehr als ein Drittel der entdeckten Fehler sich wahrscheinlich nur alle 5000 Betriebsjahre zeigen würde. Das Programm mag also über lange Zeit wunderbar verläßlich arbeiten – doch plötzlich und unerwartet beißt der Fehler zu.

Sicherheitsexperten wenden mittlerweile raffinierte Verfahren an, allein um zu ermitteln, ob es riskanter ist, Schwachstellen hinzunehmen oder sie auszubessern. Sie sprechen in diesem Zusammenhang auch von sogenannten «Heisenbugs». Ein «Bug» ist ein Fehler (angeblich, weil einer der ersten Computerzusammenbrüche von einem Insekt verursacht wurde, das sich im Drahtgewirr eines der neuen «Elektronengehirne» verirrt hatte), und ein «Heisenbug» verhält sich wie ein subatomares Teilchen nach Werner Heisenberg: Mal zeigt es sich, und dann ist es wieder nicht zu fassen. «Heisenbugs», lehrt die Erfahrung, läßt man besser in Ruhe – wer weiß, was eine Ausbesserung des Programms anrichtet.
Längst sind Software-Praktiker dazu übergegangen, sich mit Fehlern zu arrangieren. So geben sie den NASA-Astronauten ein dickes Buch namens «*Program Notes and Waivers*» mit: ein Verzeichnis von Fehlern der Bordprogramme; die Fehlerzeilen umzuschreiben wäre viel zu gefährlich, denn dabei könnten neue Fehler entstehen.
Und doch spiegeln alle diese Unwägbarkeiten nur die Tatsache wider, daß der Mensch superkomplexe Programme schreiben kann, die er dann selbst nicht mehr versteht. Mit dem echten, dem wahrscheinlichen Zufall hat das nichts zu tun. Ich habe einmal die dreistündige Festrede eines afghanischen Politikers gehört, kein Dolmetscher weit und breit. Auf mich wirkte jeder Laut rein zufällig, ebenso das plötzlich aufbrausende «Hurra» seines Publikums, alles Afghanen übrigens. Nicht anders würde auf mich der Ausdruck des «Ziegenprogramms» von Seite 146 in binärer Notation (also als Folge von Nullen und Einsen) wirken. Zufällig wäre da natürlich dennoch nichts.

Zufallsgeneratoren

Der Zentralbegriff der Informatik ist der *Algorithmus* – ein *Schritt für Schritt* ablaufendes Verfahren, das am *Ende* die *Lösung* eines Problems findet. Algorithmen sind vollständig determiniert, sie sind geradezu das Sinnbild des Bestimmten, der Abwesenheit von Zufälligem. Computer sind Maschinen, die Algorithmen abspulen.
Der britische Mathematiker Alan Mathison Turing (1912–1954) hatte nach einem allgemeingültigen Mechanismus gesucht, mit dem sich im Prinzip alle Algorithmen darstellen ließen, denn er wollte her-

ausfinden, was «Berechenbarkeit» heißt. Der Begriff der «Berechenbarkeit» beschreibt in diesem Zusammenhang eine ganz bestimmte Eigenschaft von Systemen: es gibt einen Algorithmus, der Schritt für Schritt aus dem einen Zustand des Systems einen späteren System-Zustand ermitteln kann.
Schließlich kam Turing auf eine recht anschauliche Idee, die zugleich der Forderung nach mathematischer Strenge genügte: die «Turing-Maschine», ein grandioses Gedankenexperiment. Gemeint ist ein Mechanismus, der Eingabe-Zeichen schrittweise in Ausgabe-Zeichen umsetzt. Niemand kann den Apparat wirklich bauen, denn er besitzt einen unbegrenzt großen Speicher in Form eines Bandes mit unendlich vielen Speicherzellen. Dennoch hat diese imaginäre Maschine ein reales Kind zur Welt gebracht: den Computer.
Jeder Computer kann Turing-Maschine spielen (natürlich nur eine mit endlichem Speicher). Folglich sind Computer genauso wie Turing-Maschinen geeignet, jede Art von Algorithmen auszuführen (im Rahmen ihrer Speicherkapazität). Zweitens: Die Turing-Maschine kann jeden Computer nachspielen. Das bedeutet auch, daß Computer durch und durch determinierte Maschinen sind. *Sie können gar keine echten Zufallszahlen produzieren.* Die «RND»-Befehle, nach denen wir «Zufallszahlen» in unsere Programme hineinschreiben, liefern in Wahrheit nur Werte, deren Zustandekommen determiniert ist – bloß ihre Verteilung ist höchst unübersichtlich.
Ein verbreiteter «Zufallsgenerator» funktioniert so: Der Programmierer legt eine zum Beispiel achtstellige Zahl fest, zünftig «Seed» (Samenkorn) genannt. Eine zweite Zahl, die «Konstante», arbeitet als Multiplikator: Das Seed wird mit der Konstanten multipliziert, und die letzten acht Stellen des Produkts bilden unsere erste Zufallszahl. Die zweite Zufallszahl bekommen wir, indem wir die erste Zufallszahl mit der Konstanten multiplizieren und die letzten acht Stellen abschneiden – und so weiter. Ein Beispiel:

Seed: 15328474
Konstante: 14
Produkt: 15328474 · 14 = *214598636*
Erste Zufallszahl: 14598636
Zweite Zufallszahl: 4380904
Dritte Zufallszahl: 61332656
Vierte Zufallszahl: 58657184

Fünfte Zufallszahl: 21200576
Sechste Zufallszahl: 96808064 usw.

Statt mit Dezimalzahlen rechnet der Computer mit binären Zahlen, also mit Zahlen, die durch die Ziffern 0 und 1 dargestellt werden. Er spuckt Zahl um Zahl aus, und sie scheinen wirklich Zufallszahlen zu sein – das heißt, sie bestehen fast alle Tests, mit denen Statistiker sie auf einen inneren Zusammenhang hin durchchecken können.
Doch leider wiederholt sich auch die «Zufallsfolge» irgendwann einmal (vielleicht nach einigen Milliarden Zahlen) – und der zufällige Eindruck ist hin. Heutige Computersimulationen, zum Beispiel auf leistungsfähigen Parallel-Rechnern, fressen dermaßen viele Zufallszahlen, daß herkömmliche Zufallsgeneratoren zu ihrer Produktion nicht ausreichen. Eine eigene Richtung der Computermathematik erfindet deshalb immer neue Methoden, lange Reihen von «Zufallszahlen» zu produzieren. Kürzlich wurde ein Algorithmus veröffentlicht, der angeblich eine «Zufalls»-Reihe von gut 10^{250} Zahlen ausrechnen kann. 10^{250} ist eine unvorstellbare Zahl, nämlich

10.000.000.000.000.000.000.000.000.000.000.000.000.000.000.000.
000.000.000.000.000.000.000.000.000.000.000.000.000.000.000.000.
000.000.000.000.000.000.000.000.000.000.000.000.000.000.000.000.
000.000.000.000.000.000.000.000.000.000.000.000.000.000.000.000.
000.000.000.000.000.000.000.000.000.000.000.000.000.000.000.000.
000.000.000.000

und das ist ja wohl eine ganze Menge. Dennoch: Auch diese Reihe hat ein Ende, geht sodann von vorne los, und der «Zufall» ist perdu.
Um Zufälle in ihr Programm einzubauen, schließen manche Leute physikalische Geräte, in denen Zufallsprozesse stattfinden, an den Rechner an: Elektronenröhren oder radioaktive Quellen. Allein das macht deutlich, daß «echter Zufall» nicht aus dem Computer kommen kann (aber ist das, was in den angeschlossenen Geräten stattfindet, «echter Zufall»?).
Bei der Gelegenheit zeigt sich auch, daß uns die vielzitierte Chaos-Theorie nicht auf die Spur des «echten Zufalls» bringen kann. Die «chaotischen Systeme» der Chaos-Theorie sind der Erkenntnis erst zugänglich geworden, als sie auf Computern durchgespielt werden konnten. Zufällig sind sie also nicht. Vielmehr sind sie strikt determinierte Systeme mit einigen erstaunlichen Eigenschaften.

Chaotische Systeme lassen sich durch Gleichungen beschreiben (manchmal sehr simple), die einen eindeutig bestimmten Anfangswert in einen eindeutig bestimmten Endwert umwandeln. *Der Witz ist, daß benachbarte Anfangswerte nicht immer zu benachbarten Endwerten führen* – Anfangswerte aus bestimmten Bereichen werden zu Endwerten, deren Verteilung ziemlich seltsam aussehen kann. Solche Gleichungen kennen Mathematiker schon seit über hundert Jahren, nur fanden sie wenig Beachtung, weil ihre grafische Darstellung (ohne Computerhilfe) zu mühsam gewesen wäre.

Chaos ist kein Zufall, ist allenfalls «subjektiv zufällig», also zufällig *für den Beobachter*: In der Natur gibt es vielerlei chaotische Systeme, und da wir deren jeweilige Zustände nie vollständig erfassen können, scheitert jede Vorhersage der Folge-Zustände. Ein Beispiel sind Computersimulationen, die das Wechselspiel von Räubern und Beutetieren demonstrieren. Die verfeindeten Gruppen halten einander keineswegs stets im Gleichgewicht. Ihr zahlenmäßiges Verhältnis kann über viele Spielrunden stabil bleiben, bis es zu oszillieren beginnt: erst um einen Punkt, dann um zwei, bald um vier – und plötzlich bricht scheinbar regelloses Verhalten aus. Relativ geringe Unterschiede in den Anfangsbedingungen können auch hier zu völlig gegensätzlichen Entwicklungen führen. Dies ist das Wesen chaotischer Systeme.

Es sind sogar Systeme denkbar, deren Verhalten in einem bestimmten Sinn selbst dann unvorhersagbar bleibt, wenn wir deren Anfangszustand ganz genau kennen. Für bestimmte Arten von Problemen gilt nämlich, daß wir nicht im voraus wissen können, ob eine Turing-Maschine (oder ein Computer) bei ihrer Berechnung jemals zu einem Ende kommen wird. Ein junger Mathematiker aus den USA namens Christopher Moore hat derartige Probleme in mathematische Gleichungen eingebaut und behauptet, Systeme entdeckt zu haben, die noch verrückter als chaotische Systeme sind – sie entwickeln prinzipiell unvorhersagbares Verhalten.

Zufällig sind sie gleichwohl nicht: Sie gehorchen eindeutigen Gleichungen, jeder Schritt ergibt sich aus einem vorherigen. Wenn ich zwei Computer mit einem Programm à la Moore füttere und den zweiten Rechner genau einen Rechenschritt nach dem ersten starte, dann dürfte dessen Verhalten nun kein bißchen mehr nach Zufall aussehen, denn der erste Computer hat es immer schon vorexerziert.

Das ist auch gut so. Zufallszahlen aus dem Computer werden oft benutzt, um andere Computerprogramme zu testen. Wer das Funktio-

nieren zweier Programme vergleichen will und sie zu diesem Zweck mit Zufallszahlen füttert, will natürlich, daß die Programme ein und denselben Input verarbeiten – nur dann sind ihre Ergebnisse vergleichbar. Zufallszahlen aus dem Rechner, so ungeordnet sie auch aussehen mögen, sind dafür geeignet, denn sie sind in Wahrheit «Pseudo-Zufallszahlen» (und so nennt sie der Fachmann auch).
Reiner Zufall (gemeint ist der REINE Zufall: der *R*eal *E*xistierende *I*ndeterministische *N*ichtkausale *E*chte Zufall) bleibt immer *das, was gerade nicht programmierbar ist.*

Gewimmel im Gas

Die Statistik, heißt es auf Seite 85 dieses Buches, begann als Sozialwissenschaft, als Lehre vom Umgang mit Zahlenangaben über die sich entwickelnde Massengesellschaft. Die Statistiker suchten nach Ordnung im Faktengewimmel; der Blick der Sozialwissenschaften wandte sich vom Individuum ab und suchte die Gesellschaft als ganze zu erfassen.
Im 19. Jahrhundert zogen die Naturwissenschaften nach – erst die Evolutionsbiologie, dann die Physik. Der Gedanke setzte sich allmählich durch, daß Wahrscheinlichkeiten und Zufälle eine wichtige Rolle in der Natur spielen.
Die Philosophen brauchten etwas länger. Für den strikten Deterministen G. W. F. Hegel (1770–1831) galt der Zufall nur als unwesentlich, unwahr, unwirklich. Der erste Philosoph des 19. Jahrhunderts, der sich gründlich mit Zufällen und Wahrscheinlichkeiten auseinandersetzte, ist der in diesem Buch mehrfach zitierte Peirce. Es ist «kein Zufall», daß Peirce zugleich Naturwissenschaftler war.
Die Physiker des späten 19. Jahrhunderte sahen sich ebenso wie die Soziologen und Biologen mit *Gewimmel* konfrontiert: Die Natur bestand aus Myriaden wuselnder Teilchen, aus Molekülen und Atomen, deren einzelne Bewegungen nicht samt und sonders nachvollzogen werden können. Der schottische Physiker James Clerk Maxwell (1831–1879) sprach die neue Idee als erster offen aus: Viele Gesetze der Physik müssen als Wahrscheinlichkeitsgesetze gedacht werden. Das Verhalten der kleinen Teilchen mag determiniert sein – doch weil wir nicht die Bewegung jedes Teilchens verfolgen können, stellen wir Gesetze des «Gesamtverhaltens» auf, statistische Gesetze.

Maxwell war auf diese Idee gekommen, als er das Verhalten von Gasen untersuchte. Warum erhöht sich der Gasdruck bei steigender Temperatur, warum erhöht sich die Temperatur bei steigendem Gasdruck?

Nehmen wir an, ein Astronaut habe mangels ordentlicher Forschungsaufträge ein Spiel ersonnen: Er läßt einen Tischtennisball zwischen einer Tischplatte und seinem Tischtennisschläger hin und her springen. Ein Videosystem mißt die Geschwindigkeit des Balles, ein Sensor mißt die Kraft, die der Astronaut auf den Schläger überträgt. Der Weltraumfahrer wird bald zweierlei feststellen. Erstens: Der Ball trifft öfter auf den Schläger und die Platte, wenn der Astronaut den Schläger herabsenkt. Zweitens: Wenn der Mann den Schläger in Position hält, dann hängt die Kraft, die er dafür aufbringen muß, von der Geschwindigkeit des Balles ab.

Das NASA-Ping-Pong ist das vereinfachte Modell eines Gases: Der Ball repräsentiert die Moleküle, Platte und Schläger den Raum, der das Gas umschließt. In Wirklichkeit besteht ein Gas aus einer Unzahl von Teilchen, die auch untereinander fröhlich kollidieren und keineswegs ballrund sind. Doch hängt der Druck, mit dem sie in einem Behälter zusammengehalten werden können, wie im Fall des Ping-Pong-Balles von ihrem Impuls (= Masse mal Geschwindigkeit) und der Zahl ihrer Zusammenstöße mit dem Behälter ab, und je mehr Teilchen es pro Raumeinheit gibt, desto mehr sausen gegen die Wand. Jetzt brauchen wir nur noch zu wissen, daß die Bewegungsenergie der Moleküle ihre Temperatur ergibt, und wir haben zwei Gasgesetze beisammen: Mit dem Druck erhöhe ich die Temperatur, mit der Temperatur den Druck. Nur daß «Druck» und «Temperatur» im Falle eines Gases Durchschnittsgrößen, *statistische* Größen sind. Das dürfen wir auch so ausdrücken: Die Bewegungsenergie eines Moleküls sowie die Zahl seiner Zusammenstöße mit der Behälterwand sind innerhalb einer bestimmten Bandbreite *zufällig*.

Doch was jetzt kommt, haben Sie sicher schon geahnt: Auch dieser Zufall ist subjektiv. Der Weg eines einzelnen Moleküls könnte im Prinzip berechnet werden, ist also kein REINEr Zufall.

Alle Moleküle zeigen eine derartige Wärmebewegung. Fliegen sie nicht umher, dann zittern sie wenigstens. Der absolute Nullpunkt (null Grad Kelvin = −273 °Celsius) und damit die absolute Bewegungslosigkeit stellen nur eine theoretische, unerreichbare Größe dar. Eine andere, sehr seltsame Gleichförmigkeit hingegen könnte durchaus vorkommen: Die Moleküle «sprechen» sich nicht untereinander ab; es könnte also passieren, daß sie irgendwann einmal alle in dieselbe Richtung rücken, vielleicht sogar viele Male hintereinander – mit der Folge, daß etwa der Würfel, den ich werfen will, zur *Zimmerdecke* fällt. Die Chance ist freilich gering, so gering, daß es lächerlich wäre, irgend etwas aus ihr zu schließen. In einem unendlichen Universum hingegen ... aber lassen wir das.

Unordnung ist die Regel, Ordnung die Ausnahme

Die Temperatur eines Gases, einer Flüssigkeit oder eines Körpers ist eine Durchschnittsgröße, gebildet aus der flirrenden und schwirrenden Bewegungsenergie der Moleküle. Fliegen sie durcheinander, wie im Gas, dann bildet auch ihre räumliche Verteilung eine statistische Größe.

Jede Verteilung der Bewegungsenergien und Aufenthaltsorte der Moleküle ist im Idealfall gleich wahrscheinlich, weshalb wir sie auch «zufällig» nennen. Die Wahrscheinlichkeit einer ganz bestimmten Verteilung, in der jedes Molekül seinen speziellen Wert hat, beträgt

p(A) = 1/alle denkbaren Verteilungen

Eine Verteilung kann auch wohlgeordnet aussehen, zum Beispiel: links im Behälter die schnelleren, rechts die langsameren Moleküle. Die linken Moleküle wären also alle schneller als ein bestimmter Mittelwert. Diese Verteilung nennen wir «Oh» (Oh, wie ordentlich!) und bekommen

p(Oh) = alle Oh's/alle denkbaren Verteilungen

p(Oh) wird extrem geringer ausfallen als p(alle Nicht-Oh's). Jeder einzelne unordentliche Zustand ist genauso wahrscheinlich wie jeder einzelne ordentliche Zustand, aber es gibt viel mehr unordentliche als ordentliche Zustände. Ordnung ist deshalb unwahrscheinlicher als Unordnung, wie jeder aus dem täglichen Leben weiß.

Wenn ein physikalisches System zum Zeitpunkt t_o den Zustand A_{to} annimmt und ihm für den Zeitpunkt t_1 zwei Zustände offenstehen, nämlich B_{t1} und C_{t1}, welchen wird es wohl einnehmen? *Wahrscheinlich* den *wahrscheinlicheren* von beiden. Das bedeutet, *daß jedes phy-*

sikalische System der Unordnung entgegenstrebt, denn sie ist der wahrscheinlichere Zustand – es sei denn, jemand sorgt «von außen» für Ordnung. Das Maß der Unordnung heißt «Entropie» und ist der zentrale Begriff im «zweiten Hauptsatz der Thermodynamik».

Der «erste Hauptsatz der Thermodynamik» lautet: Die Energie in einem geschlossenen System nimmt nicht ab und nicht zu. Es paßt zur Lehre der klassischen Mechanik, daß jeder Vorgang *zeitinvariant* ist, das heißt, die Gesetze der Mechanik gelten immer, ob die Zeit nun von t_o nach t_n verläuft oder von t_n nach t_o. Weshalb sehen Filme absurd aus, wenn wir sie rückwärts laufen lassen? Weil es einen *Zeitpfeil* gibt, der von t_o nach t_n saust – zumindest empfinden wir so das stete Bestreben der Natur, den wahrscheinlicheren Zustand zu erreichen. Ergreifen wir einen Eisenstab, halten ihn über ein Feuer und nehmen wir ihn dann wieder weg. Warum überträgt sich die Hitze auf unsere Hand? Weil der geordnete Zustand (links die heißen, rechts die kalten Moleküle) in den ungeordneten Zustand übergeht.

Der «zweite Hauptsatz der Thermodynamik» drückt dieses Bestreben aus: *In einem geschlossenen System nimmt die Entropie niemals ab, sondern bleibt konstant oder nimmt zu.*

Das scheint der Tatsache zu widersprechen, daß auf der Erde immer kompliziertere Lebensformen entstanden sind, daß Babys geboren und auch in der unbelebten Natur Fälle von Selbstorganisation beobachtet werden können. Religiöse Fanatiker haben diesen Umstand bereits oft als Beweis für die ordnende Hand eines Schöpfers herangezogen.

Dabei haben sie ausgerechnet die sichtbarste aller Himmelserscheinungen ausgeblendet: die Sonne. Abgesehen von der kosmischen Strahlung ist sie es nämlich, die unsere Erde nicht zu einem geschlossenen System werden läßt, in dem sich nur die Unordnung vermehrt.

Die pflanzliche Photolyse zum Beispiel nutzt die Energie der Teilchen des Sonnenlichts (Photonen), um Wasser in seine Bestandteile zu zerlegen. Die Photosynthese bricht alsdann mit Hilfe des gewonnenen Wasserstoffs den Kohlenstoff aus atmosphärischem Kohlendioxid, sie braucht ihn, um organische Verbindungen herzustellen. Dieser Vorgang wiederum versorgt uns Menschen mit Sauerstoff – und mit Energie. Vor Jahrmillionen abgestorbene Pflanzen und Pflanzenfresser wurden nämlich später von Gesteins- und Erdschichten bedeckt und zu Kohle und Öl gepreßt, flüchtige Ölbestandteile wurden zu Erdgas. Diese fossilen Überreste enthalten Kohlenstoff oder Kohlenstoff-Verbindungen in hoher Konzentration. Verbrennt Kohlenstoff (C) mit Sauerstoff (O_2) wieder zu CO_2, unter anderem im Kohlekraftwerk, wird die einstmals dem Licht abgewonnene Energie in Form von Wärme übertragen.

Wird sie dem Wasserkessel eines Dampferzeugers zugeführt, dann entsteht heißer Dampf. Dessen schwirrende Moleküle geben einer Turbine Druck, die diesen in Rotationsenergie umsetzt; ein Generator schließlich erzeugt aus der Rotationsenergie Strom. Der Druck, den die Dampfmoleküle auf die Turbinenschaufeln ausüben, ist indessen nur ein Teil ihrer Bewegungsenergie: Sie rasen ja nicht alle gemeinsam mit Volldampf in eine Richtung, sondern schwirren anarchisch durcheinander. Wir können also stets nur einen Teil der rückgewonnenen Sonnenergie in Rotationsenergie und damit Strom umsetzen.

Regelloses Zittern und Umherflitzen ist der wahrscheinlichere Zustand. Auf diese Weise flieht die Energie nützliche Arbeit und stellt sich lieber als ungeordnete Wärme dar. Hätten wir die Sonne nicht, die uns ständig neue Energie zuführt, dann stünde uns keine nützliche Energie zur Verfügung.

Um zu demonstrieren, daß der Entropiesatz ein statistisches Gesetz ist, also eine Aussage über Wahrscheinlichkeiten, stellte James Clerk Maxwell ein Gedankenexperiment an, das als «Maxwell'scher Dämon» bis heute durch die Kontroversen um die Wahrscheinlichkeit geistert. Nehmen wir an, ein Behälter sei mit einem Gas gefüllt, die Verteilung wärmerer und kälterer, also schnellerer und langsamerer Moleküle sei gleichmäßig. Nun ziehen wir eine Wand, die den Behälter in zwei Kammern A und B unterteilt. Die Wand hat eine Tür, durch die stets nur ein Molekül paßt, und einen Türhüter: den Dämon. Der nämlich läßt nur schnelle Moleküle von A nach B und nur langsame Moleküle von B nach A passieren. Die Folge wird sein, daß A irgendwann heiß und B kalt ist.

Für den Dämon ist die Temperatur keine statistische Größe. Er erkennt vielmehr die Bewegungsenergie jedes Moleküls und kann das nutzen, um *Ordnung zu schaffen* – in direktem Widerspruch zum zweiten Hauptsatz der Thermodynamik. Ohne Energiezufuhr (das Türenklappen dürfen wir vernachlässigen) baut der Dämon einen Temperaturunterschied auf, und wo wir ein Temperaturgefälle haben, können wir eine Maschine damit betreiben.

Maxwell: «Dies ist nur einer der Fälle, in denen Schlußfolgerungen, die wir aus unseren Erfahrungen mit aus einer immensen Zahl von Molekülen bestehenden Körpern gezogen haben, wohl nicht anwendbar sind auf die viel delikateren Beobachtungen und Experimente, welche wohl von jemandem unternommen werden könnten, der in der Lage wäre, die einzelnen Moleküle zu sehen und zu handhaben, mit denen wir es stets nur in großen Massen zu tun haben.»
Das war 1871. Heute ist es sehr wohl möglich, einzelne Moleküle zu erkennen, Türchen von molekularer Größe herzustellen und sie umherzuschieben. Könnte nicht jemand versuchen, Maxwells Dämon nachzubauen?
Nein, schrieb im Jahre 1929 der Atomphysiker Leo Szilard (1898–1964) in einem berühmt gewordenen Aufsatz. Darin entwarf er einen nichtlebenden Mechanismus, der sich wie der Dämon verhält und dessen Energieverbrauch analysiert werden kann (wodurch er, sozusagen nebenbei, den ersten Schritt zur Kybernetik machte, zur Wissenschaft der informationsgeleiteten Regelung). Die wichtigste Idee Szilards war es, den Entscheidungsprozeß des Dämon-Maschinchens zu untersuchen. Er spekulierte, daß die Informationsverarbeitung des Dämons just so viel Entropie erzeugen würde, wie durch das Sortieren der Moleküle abgebaut werden könne.
Im Computerzeitalter konnte diese Idee genauer analysiert werden. Der Dämon muß nicht nur Informationen über die Geschwindigkeiten der einzelnen Moleküle gewinnen und speichern, er muß sie auch irgendwann wieder *löschen*, um neue Informationen verarbeiten zu können. Dieser Vorgang kostet Arbeit, produziert Wärme und erhöht die Entropie – der Dämon erreicht letztlich nichts.

Warum verrinnt die Zeit?

Der österreichische Physiker Ludwig Erhard Boltzmann (1844–1906) war es, der den Entropiesatz als ein Gesetz der Bewegung vom Unwahrscheinlichen zum Wahrscheinlichen deutete. Der Entropiesatz führt Begriffe wie Geschichte und Entwicklung in die Physik ein.
Aber leider gibt es schreckliche Einwände!
Den ersten formulierte der französische Mathematiker Henri Poincaré (1854–1912). Er wies nach, daß ein mechanisches System immer wieder durch einen Zustand gehen wird, der seinem Anfangszustand

ziemlich gleichkommt. Eine unumkehrbare Entwicklungsrichtung des Universums war mit dieser Erkenntnis nicht vereinbar.
Für Poincarés «Wiederkehr-Theorem» haben die Mathematiker Paul und Tatjana Ehrenfest im Jahre 1907 eine hübsche Demonstration ersonnen. Sie dachten sich zwei Urnen (hallo!), nämlich A und B. In A liegt eine große Zahl numerierter Tischtennisbälle. Vor den Urnen steht eine Box mit numerierten Papierzetteln. Sie ziehen nun einen Zettel und legen den Ball, der dieselbe Nummer trägt, aus der Urne A in die Urne B. Jetzt legen Sie den Zettel zurück, schütteln die Box und spielen weiter. Liegt ein Ball, dessen Nummer Sie gezogen haben, bereits in B, so tun Sie ihn halt wieder zurück in A. Viel Spaß!
Solange in A viel mehr Bälle liegen als in B, ist die Wahrscheinlichkeit, eine Zettelnummer zu einem in A wartenden Ball zu ziehen, höher als die Chance, eine Nummer zu ziehen, deren Ballpendant in B liegt. Die Bälle wandern also tendenziell von A nach B. Mit fortgesetzten Ziehungen wird sich die Wahrscheinlichkeit, die gezogene Ballnummer in A zu finden, in Abhängigkeit von den vorhergehenden Ziehungen verändern. Dieses abhängige Vorangehen nennt man eine Markov-Kette, nach dem russischen Mathematiker Andrej Andrejewitsch Markov (1856–1922; ich habe kürzlich einen Auto-Aufkleber mit der Aufschrift «Markov did it with chains» gesehen).
So wie es der Entropiesatz will, marschiert das System von der extrem einseitigen allmählich zu einer ausgeglichenen Ballverteilung. Doch wenn das Spiel lange genug dauert, dann wird auch irgendwann einmal der Anfangszustand wieder erreicht (dauert das Spiel unendlich lange, dann wird er unendlich oft... Sie wissen schon). Poincaré: «... um zu sehen, wie Wärme von einem kalten Körper zu einem warmen wandert, ist es nicht nötig, über die Scharfsichtigkeit, Intelligenz und Geschicklichkeit des Maxwell'schen Dämons zu verfügen; es würde genügen, sich ein wenig zu gedulden.»
Das Tennisball-Universum marschiert zuweilen auch zum Unwahrscheinlichen. Es hat keinen Zeitpfeil und – diesem Modell zufolge – unser echtes Universum auch nicht.
Boltzmann hatte mit dem Umkehr-Einwand schwer zu kämpfen und bezog schließlich eine Verteidigungsposition: «Für das Weltall als Ganzes gibt es keine Unterscheidung zwischen ‹Rückwärts›- und ‹Vorwärts›-Richtung der Zeit, für die Welten aber, auf denen Lebewesen existieren und die sich daher in relativ unwahrscheinlichen Zuständen befinden, wird die Zeitrichtung durch die Richtung wachsen-

der Entropie bestimmt, die von weniger wahrscheinlichen zu wahrscheinlicheren (Zuständen) führt.»
Damit wurden Begriffe wie Entwicklung und Zeitrichtung wieder zu subjektiven Kategorien. Die Frage ist noch immer nicht endgültig gelöst; viele Theoretiker nehmen an, das Universum habe tatsächlich mit einem höchst ordentlichen und unwahrscheinlichen Zustand begonnen – und mit einem «ZISCH» schießt König Zufall den Zeitpfeil los.
Der «Urknall», die derzeit beste Theorie über den Anfang des Universums, müßte also mit einem geordneten Zustand zusammenfallen.
Wie *wahrscheinlich* ist es, daß das Universum mit einem *unwahrscheinlichen* Zustand begonnen hat? Und wie gefällt Ihnen diese Frage?
Vielleicht finden die Physiker einmal etwas heraus, das ich jetzt einfach SUPERWISSEN nenne, und wir können sagen: «Aus dem SUPERWISSEN folgt beinahe mit Gewißheit, daß das Universum mit einem Zustand begann, den wir ohne das SUPERWISSEN für unwahrscheinlich halten müßten.» Doch was bleibt vom langen Marsch zum wahrscheinlichen Zustand übrig, wenn schon der höchst geordnete Anfangszustand «beinahe gewiß» ist? König Zufall wäre vom Anfang des Universums vertrieben, wir hätten eine deterministische Erklärung. Möglicherweise müssen wir die Wahrscheinlichkeitsinterpretation des Zeitpfeils dann ebenso fallenlassen – und mit ihr den Zeitpfeil selbst, wenn wir nicht eine andere Begründung für den Lauf der Zeit finden.

König Zufall spricht zu uns

Maxwells Dämon gewinnt keine kostenlose Energie, denn er muß Informationen beschaffen, speichern und wieder löschen. Man kann das so verstehen, daß diese Aktivitäten Arbeit kosten, wodurch immer irgendwie Wärme und damit Unordnung entsteht.
Was eine Information ist, kann von verschiedenen Seiten betrachtet werden. Uns interessiert hier die formale Seite: das, was ein Rauschen von einem Signal unterscheidet. Wir schalten das Radio ein und hören es, das Rauschen. Jetzt drehen wir am Regler – es rauscht noch immer, dann trötet es, rauscht wieder, brummmmm-prööööt, Gerau-

sche, und plötzlich: «...erklärte der Rowohlt Verlag das Ziegenproblem für endgültig gelöst».
Eine Vielzahl ungeordneter Schallwellen rauschelte durch den Lautsprecher, bis endlich eine menschliche Stimme mit einem wohlgeformten Halbsatz zu hören war. Just dies unterscheidet Rauschen von Signalen: die Ordnung. Krikelkrakel ist kein Brief, Lallen keine Rede, Grölen kein Gesang. Wenn Ignoranten meinen, moderne Kunst sei regelloses Gekleckse, dann beweisen sie nur, daß sie deren innere Ordnung nicht erkannt haben. Ihnen ist ein modernes Gedicht, was mir die schon erwähnte Rede des afghanischen Politikers war.
Ein Signal als Träger von Informationen zeichnet sich durch seine Ordnung aus. Lärm und Geräusch herrschen vor, denn Unordnung ist wahrscheinlicher als Ordnung. Signale sind seltener als Rauschen.
Unordnung nimmt von allein zu. Bei der Übertragung von Nachrichten ist es nicht anders, nämlich «daß eine Nachricht ihre Ordnung während des Aktes der Übertragung wohl von selbst verlieren, aber nicht gewinnen kann», wie es der Mathematiker Norbert Wiener (1894–1964) ausdrückte. Sie kennen das: Durch atmosphärische Störungen wird das Fernsehbild nie besser, nur schlechter. Das Rauschen ist wahrscheinlicher als das Signal, die Unordnung wahrscheinlicher als die Ordnung. Es geht zu wie im Kinderzimmer: Ordnung ist das Unerwartete.
Je unerwarteter ein Signal, desto höher sein Informationsgehalt. Wenn wir aus den Nachrichten erfahren, die Regierung attestiere sich eine gute Jahresbilanz, dann haben wir nicht viel davon (weshalb die «Aktuelle Kamera» der DDR so entsetzlich langweilig war). Aber das wäre doch mal eine Nachricht (Regierungssprecher in der Totalen): «Daß Sie's nur alle wissen, wir waren dieses Jahr keine besonders erfolgreiche Regierung!»
Warum es im Fernsehen (trotzdem) mehr schlechte als gute Nachrichten gibt, könnte man sich plausibel erklären: Optimisten, die wir sind (wenigstens unbewußt), halten wir (immer noch) das negative Ereignis für seltener und bemerkenswerter als das positive – so bekommt das Negative den höheren Nachrichtenwert. Ich bin mir nicht sicher, ob diese Erklärung viel taugt (vielleicht ist sie zu optimistisch). Schließlich müßte die Überrepräsentation schlechter Nachrichten irgendwann doch zu einer pessimistischen Weltsicht führen (und dann wäre eher das Gute interessant) – oder ist dieses angeborene «positive

Denken» dermaßen fest programmiert, daß es selbst der tägliche Horror nicht ausknipsen kann? (Darüber wüßte ich gern mehr.)
Information ist das Unerwartete. Der Laplace'sche Dämon, für den es nichts Neues mehr geben wird, kann kein einziges Ereignis als Signal, als Informationsträger auffassen – auf was könnte es hinweisen, das er nicht schon wüßte? Anders ausgedrückt: Für ihn gibt es kein B, das die Wahrscheinlichkeit $p(A)$ auf $p(A|B)$ erhöhen könnte, weil er gar nicht mehr mit Wahrscheinlichkeiten zu rechnen braucht.
Wäre hingegen jedes Ereignis unerwartet, dann gäbe es gleichfalls keine Signale mehr! Dann regierte König Zufall absolut, es gäbe nicht eine einzige Regelmäßigkeit, nicht einen einzigen Zusammenhang, auch nicht den zwischen Zeichen und Bezeichnetem.
Tatsächlich bewegen wir uns zwischen diesen Extremen, zwischen $p(A) = 1$ und $p(A) = 0$, was das Denken in Wahrscheinlichkeiten zur adäquaten Methode macht, Ereignisse als Signale aufzufassen, Beobachtungen zu bewerten, Schlüsse zu ziehen. Mit Determinismus ist dieser Gedanke übrigens nach wie vor vereinbar – *wir sind* nur keine Laplace'schen Dämonen.
Und König Zufall, wo bleibt dann der?

Im Zwergenreich

Vielleicht regiert König Zufall wenigstens das märchenhafte Zwergenreich der Quantenphysik, der Physik der subatomaren Vexierbilder. In dieser Zauberwelt tummeln sich jene Irrlichter, welche uns mal als Teilchen, mal als Welle narren.
Quantentheorien werden von manchen Leuten gern als Belege dafür angerufen, daß sich Geisterwesen, Irratio und Willkür in der Realität herumtrieben. Doch die Beschreibung von Quantenrealitäten mit Hilfe der sogenannten «Schrödinger-Gleichung» ist vollkommen deterministisch und keineswegs unscharf. Die vielzitierte «Unschärfe» tritt vielmehr erst dann in Erscheinung, wenn wir den Aufenthaltsort oder den Impuls kleiner Teilchen ermitteln wollen. Dann gilt Heisenbergs «Unschärferelation»: je genauer wir den Ort bestimmen, desto ungenauer wird der gemessene Impuls und umgekehrt. Wir denken in Analogien, in Ähnlichkeiten, und im Falle der subatomaren Begebenheiten müssen wir uns Teilchen mit Orten und Impulsen oder Wellen vorstellen, sie geistig vor Augen haben. Wenn wir nun versu-

chen, deren vorgestellte Eigenschaften durch das Messen bestimmter Größen zu ermitteln, dann entziehen sie sich diesem anschaulichen Denken.

Die Unschärfe kann als Wahrscheinlichkeit eines bestimmten Ortes oder Impulses interpretiert werden, doch ergibt sie sich nur, wenn jemand nach Ort und Impuls fragt; da bereits die «Schrödinger-Gleichung» die objektive (wenngleich unanschauliche) Quantenrealität beschreibt, gehört die Quantenwelt eigentlich nicht zum Reich der Zufälle und Wahrscheinlichkeiten.

Die Unschärferelation ist ein unvermeidlicher Bestandteil der Quantentheorie, ohne daß dies auf eine etwaige Fehlerhaftigkeit der Theorie hindeutete – diese wurde schon so oft getestet, daß sich die Physiker guten Gewissens auf sie verlassen können (extrem hohe Wahrscheinlichkeit, wir kennen das). Viele von ihnen, vielleicht die meisten, sind der Meinung, die Quantentheorie sei nur ein funktionierendes Rechenverfahren und sage nichts über eine Realität «da draußen». Die unbeirrbaren Anhänger des «philosophischen Realismus» unter ihnen sehen das natürlich anders: Sie halten die quantenmechanischen Beschreibungen für Abbildungen realer Winzigkeiten.

Ein sympathischer Standpunkt, der freilich zu kniffligen Problemen führt, und die Mehrheit folgt ihm zudem nicht. Ich erwähne ihn hier, um zu zeigen, daß König Zufalls Herrschaft auch im Quantenreich nicht unumstritten ist. Selbst für Phänomene, die im einzelnen regellos auftreten und nur statistischen Gesetzen gehorchen, wie der radioaktive Zerfall eines Atoms, finden hartgesottene Deterministen immer wieder passende Erklärungen, die jedenfalls nicht völlig idiotisch sind.

Es könnte gut sein, daß die subatomare Welt für unser Denken versiegelt bleibt, weil sie unserer Welt prinzipiell unähnlich ist. Wirkt sich die subatomare Welt auf unsere Welt aus, auf unsere Meßinstrumente zum Beispiel, dann kommen wir mit unseren Kausalvorstellungen nicht weiter, sondern können nur noch Ereignisse zählen und zwischen ihnen statistische Zusammenhänge ermitteln. Ein Bild des Zwergenreiches indessen können wir uns nicht machen.

Nicht König, sondern Gehilfe

Vielleicht gibt es ja Bezirke der Welt, in denen der Zufall (der echte, der REINE) herrscht. Doch selbst dann ist eine abgeschwächte Form des Determinismus immer noch die beste Daumenregel: *Wenn sich zwei Zustände, die einander völlig gleichen, in verschiedene Richtungen entwickeln, schau noch einmal gründlicher hin – eventuell unterscheiden sie sich doch!* Außer im Zwergenreich hilft uns der Determinismus als Leitlinie stets weiter, und Zufall und Wahrscheinlichkeit sind dann nur Hilfsvorstellungen, ins Ungewisse zu raten. Der Zufall ist keine Majestät, sondern eine Hilfskategorie des menschlichen Denkens.

Den Begriff des Zufalls verwenden wir oft wertend. Wir drücken damit unsere Gleichgültigkeit gegenüber einem möglichen Zusammenhang zweier Ereignisse aus. Der normale Roulette-Spieler versucht gar nicht erst, den Weg der Kugel zu berechnen; entweder sind ihm andere Zusammenhänge wichtiger (Glück, illusionäre Kontrolle), oder er interessiert sich überhaupt nicht dafür und sagt lächelnd: «Zufall, was sonst?»

Und dieser Ausdruck «Zufall» wird dann doch zu einem bedeutungsgeladenen Begriff: *Er drückt unsere Bereitschaft aus, die Gesetzmäßigkeit eines determinierten Systems zu ignorieren.* Insofern denken wir alle wie Hegel: «Zufall» ist etwas, womit wir «unwesentlichen Zusammenhang» ausdrücken. Das Recht ist ein klassisches Beispiel dafür. Wenn ich jemanden einen «Doofmann» nenne und damit einen Amoklauf auslöse, so bin nicht ich der Mörder. Daß der Beleidigung eine Bluttat folgte, gilt juristisch als Zufall. Wenn ich jedoch betrunken Auto fahre, einen Strommast ramme und zu Fall bringe, Ampeln ausfallen und deshalb zwei Kreuzungen weiter ein Unfall geschieht – dann bin ich dran! Diesmal ist der Zusammenhang, rechtlich gesehen, wesentlich und gilt nicht als Zufall.

Die Verteilung des Kaffeesatzes, der Hühnerdärme oder der aufgedeckten Spielkarten ist zufällig für den, der nichts Wesentliches von ihr erwartet. Es mag für diese Anordnungen zwar irgendwelche Ursachen geben, doch sie sind dem rationalen Menschen unwesentlich, ihn stört sein Nichtwissen auf diesem Gebiet nicht, und er rubriziert derlei Vorgänge deshalb getrost unter «Zufall». So gesehen, bedeutet die Verwendung des Begriffs «Zufall» dasselbe wie: «Es ist mir schnurzpiepegal, warum das alles so gekommen ist, und ich will's auch gar nicht wissen.» Wer hingegen an Orakel glaubt, denkt dabei nicht an Zufall, sondern an Gesetzmäßigkeiten. Dogmatiker verfahren genauso. Sie erklären sich jedes Vorkommnis mit Hilfe ihres Dogmas – auch hier kein Platz für Zufälle. Für Sigmund Freud waren Träume, Ungeschicklichkeiten und sogar Versprecher kein Zufall, sondern Äußerungen tiefliegender psychischer Mechanismen.

Die Welt als Ziegenproblem

«Die Menschen folgen nicht den Prinzipien der Wahrscheinlichkeitstheorie, wenn sie über das Eintreffen ungewisser Ereignisse urteilen» – das ist die Schlußfolgerung der Psychologen Kahnemann und Tversky. Vielleicht ist dieses Urteil etwas zu kraß; richtig ist jedoch: Unser Alltagsverstand bewegt sich oft nicht nach den Regeln, die wir als Methode des rationalen Ratens kennengelernt haben.

Einige mögliche Gründe dafür habe ich schon angedeutet. Die Regeln, nach denen Lebewesen sich verhalten, bilden sich in Jahrtausenden und Jahrmillionen heraus. Sie bieten Überlebensvorteile. Lernende Lebewesen können sich besser anpassen als nichtlernende.

«Leben ist ein erkenntnisgewinnender Prozeß», schrieb Konrad Lorenz; das Lernen gehorcht im Prinzip den rationalen Rateformeln. Doch nur «im Prinzip» – zugleich wirken allerlei Sonderregeln, Daumenregeln, Vorsichtsmaßnahmen. Wir Menschen reagieren auf drohenden Verlust heftiger als auf Gewinnaussichten, auf Gefahr stärker als auf Vergnügen, wir erkennen Muster und Zusammenhänge «mit einem Blick», halten das Zusammentreffen irgendwelcher Ereignisse lieber erst mal für wichtig als unwichtig, und was wir geistig simulieren können, stellen wir uns so plastisch vor, daß es sich direkt auf unser Verhalten auswirkt. Ich kann mir nun wiederum gut ausmalen, daß diese Eigenschaften in einer Welt der Wälder und Wiesen, der Steppen und Savannen Vorteile boten, und zum Teil mag das noch immer so sein. Aber wir müssen heute über die Risiken nachdenken, die sie bergen.

Unaufhörlich produzieren wir Informationen, unablässig prasseln Signale auf uns nieder, wir erfinden immer mächtigere Mittel der Informationsübertragung, und wir werden immer mehr (nicht nur das: wir werden immer schneller immer mehr). Heute müssen wir die Fähigkeit entwickeln, Größenordnungen abzuschätzen, Verhalten und Verlauf von Massenerscheinungen zu begreifen, und müssen Myriaden unwichtiger Daten ganz einfach ignorieren können. In dieser

Welt führt uns unser alter Apparat, mit dem wir bewußt und unbewußt denken, ständig in die Irre. Wir haben uns eine Welt geschaffen, für die wir eigentlich nicht geschaffen sind – noch eine Erkenntnis von Konrad Lorenz.

Um so beeindruckender scheint mir die Tatsache, daß wir Menschen in den letzten dreihundert Jahren ein Instrument konstruiert haben, mit dem wir uns gegen den – von uns selbst entfesselten – Datensturm behaupten können: die Wahrscheinlichkeitstheorie, die kritische Ratestrategie. Sie hat Eingang in fast alle Wissenschaften gefunden, ebenso in die Technik, in die Wirtschaft, weniger freilich in die öffentliche Rede.

Psychologische Studien zeigen, daß Menschen sich sehr wohl angewöhnen können, in Wahrscheinlichkeiten zu denken. Es setzt Training und Selbstbeobachtung voraus, Kritikfähigkeit und die Bereitschaft, eigene Annahmen in Frage zu stellen – also nicht das A und die Vier umzudrehen, sondern das A und die Sieben.

Wir brauchen das Denken in Wahrscheinlichkeiten, wenn wir Ziegenprobleme lösen wollen, soll heißen: Probleme im Alltag, in der Wissenschaft, in der Politik. Wer angesichts der politischen, wirtschaftlichen und ökologischen Konflikte mitdenken und mitentscheiden will, und sei es nur durch die Teilnahme an Wahlen, braucht methodische Hilfe beim Raten. Erst recht die Risiken, die der Mensch des 20. Jahrhunderts angehäuft hat, sind ohne Wahrscheinlichkeitstheorie nicht zu bewerten. Freilich bleibt sie gemessen an Laplace'schen Dämonen eine *Rate*-Theorie, eine Nußschale auf dem bewegten Ozean des Nichtwissens. Der Wechsel zur zweiten Tür ist die richtige Strategie – aber den Gewinn des Autos *garantiert* sie *nicht*.

Ein neues Ziegenproblem

Um gar nicht erst aus der Übung zu kommen, besuchen wir zu guter Letzt noch mal die Ziegenshow. Diesmal ist der Sender großzügiger und verteilt zwei Autos REIN-zufällig hinter drei Türen. Die Mitspielerin wählt Tür eins (ohne Beschränkung der Allgemeinheit) und hat eine Chance von $\frac{2}{3}$. Nun sagt der Moderator: «Na, soll ich Ihnen zeigen, hinter welcher der beiden anderen Türen ein Auto steht?»
Die Mitspielerin überlegt: «Wenn ich die Tür mit dem Auto, die er öffnet, 2 nenne und die andere 3, dann gibt es folgende Fälle:
(1) A1, A2 – das wäre gut
(2) A3, A2 – das wäre schlecht
Da A1 und A3 gleich wahrscheinlich sind, hätte ich nur noch eine Fifty-fifty-Chance.»
Hat die Frau recht?

Glossar

A-PRIORI-WAHRSCHEINLICHKEIT
Der Ausdruck «$p(A_i)$» im Zähler der →Bayes'schen Formel: die Wahrscheinlichkeit des Ereignisses A_i, bevor die Beobachtung B gemacht wurde. «Bayesianer» berücksichtigen mit «$p(A_i)$» das Vorwissen um die Wahrscheinlichkeit von A_i; sie korrigieren es mit Hilfe der Beobachtung B gemäß der Bayes'schen Formel. Kritiker der Bayes'schen Formel bemängeln, daß die Quellen der a-priori-Wahrscheinlichkeit subjektiv sind (Schätzungen, Meinungen, Ideologien, Gefühle).

ADDITIONSREGEL
Mit der Additionsregel können wir die Wahrscheinlichkeit berechnen, mit der das Ereignis A oder B auftritt:

$$p(A \text{ oder } B) = p(A) + p(B) - p(A) \cdot p(B)$$

Die Regel gilt auch, wenn $p(A)$ und $p(B)$ verschieden groß sind. Wenn wir diese Additionsregel auf Ereignisse A und B anwenden, die sich gegenseitig ausschließen, dann ist zu beachten, daß «$p(A) \cdot p(B)$» nach der →Multiplikationsregel gleichbedeutend ist mit «$p(A \text{ und } B)$», so daß in diesen Fällen $p(A) \cdot p(B) = 0$ gilt. Mit anderen Worten: Wenn sich A und B gegenseitig ausschließen, gilt die Regel

$$p(A \text{ oder } B) = p(a) + p(B)$$

ALGORITHMUS
Der Algorithmus ist der Zentralbegriff der Informatik. Darunter ist ein Schritt für Schritt ablaufendes Verfahren zu verstehen, das einen Anfangswert (z. B. eine Zahl oder eine Frage) in einen Endwert (z. B. eine Zahl oder eine Antwort) umwandelt. Computer sind Maschinen, die Algorithmen abspulen.

BAYES'SCHE FORMEL
Mit Hilfe der Bayes'schen Formel können wir aus Beobachtungen auf Wahrscheinlichkeiten schließen. Die Formel lautet

$$p(A_i \mid B) = \frac{p(A_i) \cdot p(B \mid A_i)}{\sum_{j=1}^{n} p(B \mid A_j) \cdot p(A_j)}$$

wobei die einzelnen Ausdrücke dies bedeuten:
$p(A_i|B)$ = Die Wahrscheinlichkeit des Ereignisses A_i im Lichte der Beobachtung des Ereignisses B.
$p(A_i)$ = Die Wahrscheinlichkeit des Ereignisses A_i vor der Beobachtung des Ereignisses B (→ a-priori-Wahrscheinlichkeit).
$p(B|A_i)$ = Die Wahrscheinlichkeit, mit der A_i das Ereignis B hervorbringt.
$\sum_{j=1}^{n} p(B|A_j) \cdot p(A_j)$ = Alle Möglichkeiten, daß Ereignisse von A_1 bis A_j das Ereignis B hervorbringen.

BEDINGTE WAHRSCHEINLICHKEIT
Wir schreiben
$p(B|A)$
und meinen damit: Die Wahrscheinlichkeit des Ereignisses B, wenn A vorliegt.

GESETZ DER GROSSEN ZAHL
Je größer die Stichprobe, desto genauer entspricht die Verteilung der Werte in der Stichprobe der Verteilung in der Gesamtpopulation. Für Versuche mit einer Münze läßt sich dieses Gesetz beispielsweise so formulieren: Je öfter ich die Münze werfe, desto genauer wird die Schätzung $p(\text{Kopf}) = \frac{1}{2}$.

HARDWARE
Diejenigen Komponenten eines Computers, die sich anfassen lassen (was nicht immer empfehlenswert ist). Andere Definition: Diejenigen Komponenten eines Computers, die sich nicht per Datenleitung, sondern nur per Post versenden lassen. Hardware ist das Gegenteil von →Software.

HEURISTIK
Eine erkenntnisfördernde Daumenregel – z. B. «Drum prüfe, wer sich ewig bindet...»

LAPLACE'SCHER DÄMON
Pierre Simon de Laplace's Veranschaulichung des Determinismus: Ein Wesen, das alles wüßte, könnte jedes zukünftige Ereignis mit Gewißheit vorhersagen (meinte Laplace).

MULTIPLIKATIONSREGEL
Die Wahrscheinlichkeit des gemeinsamen Auftretens zweier *voneinander unabhängiger* Ereignisse ist gleich dem Produkt ihrer Wahrscheinlichkeiten:
$p(A \text{ und } B) = p(A) \cdot p(B)$
«Voneinander unabhängige» Ereignisse sind zum Beispiel die Würfel-Augenzahlen zweier Würfe (oder eines Wurfes mit zwei Würfeln).

PSI
Undefinierte Größe, die von Anhängern der Parapsychologie für außersinnliche Wahrnehmung und Psychokinese verantwortlich gemacht wird.

SOFTWARE
Diejenigen Komponenten eines Computers, die sich prinzipiell nicht anfassen lassen. Andere Definition: Diejenigen Komponenten eines Computers, die sich per Datenleitung versenden lassen. Software ist das Gegenteil von →Hardware.

THERMODYNAMIK
Ein Zweig der Physik und der Chemie; er beschäftigt sich mit Erscheinungen, die mit *Arbeit* oder *Wärme* verbunden sind.

TOTALE WAHRSCHEINLICHKEIT
Die «Formel der totalen Wahrscheinlichkeit»

$$p(B) = \sum_{j=1} p(B|A_j) \cdot p(A_j)$$

beschreibt, mit welcher Wahrscheinlichkeit ein bestimmtes Ereignis B (z. B. eine «Wirkung») aus einer Menge von anderen Ereignissen A_1 bis A_n (z. B. «Ursachen») folgt.

WAHRSCHEINLICHKEIT
Die Wahrscheinlichkeit eines Ereignisses A, geschrieben p(A), gibt an, wie sehr wir auf das Eintreten dieses Ereignisses vertrauen dürfen. Dies ist nur eine der vielen möglichen Definitionen des umstrittenen Begriffes der Wahrscheinlichkeit – immerhin die einfachste. Die Urformel der Wahrscheinlichkeit lautet

$$p(A) = \frac{N_A}{N}$$

Nämlich:
p steht für «Wahrscheinlichkeit» (probability).
A ist das Ereignis, nach dem gefragt wird.
p(A) ist die Wahrscheinlichkeit des Ereignisses A.
N_A ist die Anzahl der Ergebnisse mit der Ereignis-Qualität A, nach denen gefragt wird (z. B. «gerade Zahl» bei einem Würfel-Wurf – dann ist $N_A = 3$)
N ist die Zahl aller gleich wahrscheinlichen Ergebnisse, unter denen Ergebnisse mit der Ereignis-Qualität A ausgewählt wurden (im Beispielsfall eines Würfel-Wurfes ist $N = 6$).

Literatur

Aus folgenden Texten habe ich Anregungen, Ideen, Zitate und Beispiele übernommen:

Altman, D. G., Bland, M.: Improving Doctors's Understanding of Statistics. In: *Journal of the Royal Statistical Society*, 1991, 154, Part 2, 223–267

Bentz, H.-J.: Fehlerhafte Modellbildungen. In: *Der Mathematikunterricht*, 1/1983, 70ff

Brachinger, H.-W.: «Nimm stets die andere» – Zur Diskussion um das «Drei-Türen-Problem». In: *Wisu – Das Wirtschaftsstudium*, 12/1991, 887ff

Burger, J. M.: The Effects of Desire for Control in Situations with Chance-Determined Outcomes. In: *Journal of Research in Probability*, 25 (1991)

Cohn, V.: News & Numbers. Ames 1989

Engel, A.: Wahrscheinlichkeitsrechnung und Statistik, Bd. 1. Stuttgart 1973

Evans, J. St. B. T.: Bias in Human Reasoning. London 1989

Falk, R.: On Coincidences. In: *Skeptical Inquirer*, Winter 1981–82, 18ff

Faulkes, Z.: Getting Smart About Getting Smarts. In: *Skeptical Inquirer*, Spring 1991, 263ff

Feynman, R.: The Feynman Lectures on Physics, Vol. I. Reading 1963

Fischer, E. P.: Ordnung und Chaos. Physik in Wien an der Wende zum 20. Jahrhundert. In: Bachmaier, H. (Hg.): Paradigmen der Moderne. Amsterdam 1990, 159ff

Flechtner, H.-J.: Grundbegriffe der Kybernetik. Stuttgart 1966

Friedman, R.: Problem Solving for Engineers and Scientists. New York 1991

Gardner, M.: Gotcha. München 1985

Gavaghan, H.: The danger faced by ships in port. In: *New Scientist*, 24.11.1990

Gavanski, I., Roskos-Ewoldsen, D. R.: Representativeness and Conjoint Probability In: *Journal of Personality and Social Psychology*, 1991, Vol. 61, No. 2, 181–194

Gigerenzer, G., et al.: The Empire of Chance. Cambridge 1989

Gnedenko, B.: The Theory of Probability. Moskau 1976

Holway, P.: Hang first, ask questions later. In: *New Scientist*, 23.2.1991, 63ff

Honsberger, R.: Gitter, Reste, Würfel. Braunschweig 1984

Huff, D.: How to Lie with Statistics. New York 1954

Kac, M.: Probability. In: *Scientific American*, 3/1964, 92ff

Kahnemann, D., Slovic, P., Tversky, A. (Hg.): Judgement under uncertainty: Heuristics and biases. Cambridge 1982

Kohn, A.: You know what they say... New York 1990
Lange, K.: Zahlenlotto. Ravensburg 1980
Leff, H. S.; Rex, A. F., (Hg.): Maxwell's Demon (Sammelband). Bristol 1990
Miller, D. T. et al.: When a Coincidence is Suspicious: The Role of Mental Simulation. In: *Journal of Personality and Social Psychology*, 1989, Vol. 57, No. 4, 581–589
Moorhead, G. et al.: Group Decision Fiascoes Continue: Space Shuttle Challenger and a Revided Groupthink Framework. In: *Human Relations*, Vol. 44, No. 6, 1991, 539 ff
Mosteller, F.: Fifty Challenging Problems in Probability. New York 1965
Nalebuff, B.: Puzzles: Queues, Coups and More. In: *Journal of Economic Perspectives*, Vol. 4, No. 2, Spring 1990, 177–185
Nalebuff, B.: Puzzles: Slot Machines, Zomepirac, Squash and more. In: *Journal of Economic Perspectives*, Vol. 4, No. 1, Winter 1990, 179–187
Nisbett, R. E., et al.: The Use of Statistical Heuristics in Everyday Inductive Reasoning. In: *Psychological Review*, 1983, Vol. 90, No. 4, 339–363
Paulos, J. A.: Zahlenblind. München 1990
Peirce, C. S.: Philosophical Writings. New York 1955
Penrose, R.: Computerdenken. Heidelberg 1991
Peters, W. S.: Counting for Something. New York 1987
Peterson, I.: Beyond chaos: Ultimate unpredictability. In: *Science News*, 26. 5. 1990
Peterson, I.: Numbers at Random. In: *Science News*. 9. 11. 1991, 300 f
Pratto, F., John, O. P.: Automatic Vigilance: The Attention-Grabbing Power of Negative Social Information. In: *Journal of Personality and Social Psychology*, 1991, Vol. 61, No. 3, 380–391
Rotton, J.: Astrological Forecasts and the Commodity Market: Random Walks As a Source of Illusory Correlation. In: *Skeptical Inquirer*, Summer 1985, 339 ff
Serebriakoff, V.: Mensa. München 1985
Stigler, St. M.: The History of Statistics. Cambridge 1986
Strick, H. K.: Zur Beliebtheit von Lottozahlen. In: *Praktische Mathematik*, 1/1991, 15 ff
Thaler, R. H.: Anomalies: The January Effect. In: *Economic Perspectives*, Vol. 1, No. 1, Summer 1987, 197–201
Vollmer, G.: Was können wir wissen?, Bd. 1. Stuttgart 1988 (2. Aufl.)
Walter, H.: Heuristische Strategien und Fehlvorstellungen in stochastischen Situationen. In: *Der Mathematikunterricht*, 1/1983, 11 ff
Weaver, W.: Die Glücksgöttin. München 1964
Weise, P. et al.: Neue Mikroökonomie. Heidelberg 1991
Weiss, G. H.: Random Walks and Their Applications. In: *American Scientist*, Jan./Feb. 1983, 65–71
Wickmann, D.: Bayes-Statistik. Zürich 1990